U0071695

原書名：怎樣寶貝你的新生兒

和寶寶一起成長

有個汽車廣告曾説過一句話：「我是當爸爸以後，才開始『學』做爸爸的。」的確，許多為人父母者，都是在孩子呱呱落地後，才從手忙腳亂中慢慢累積經驗的。

如果平時能多吸收一些育兒知識，至少在寶寶啼哭不休、常常尿床或比手畫腳時，能夠解讀出寶寶的心思，知道你的小寶貝在傳達些什麼訊息。

另外，若是寶寶在身體健康上有異常的狀況，為人父母者也不會因為沒有概念，或一時疏忽而讓寶寶受到病魔的煎熬。

本書概分為五個單元，包括「寶寶飲食須知」，提醒您寶寶必須的營養；「應付難纏寶寶」，教給您一些育兒的妙招；「和寶寶遊戲」，提供您許多啓發寶寶感官能力的活動；「寶寶常患的疾病」，以簡單扼要的文字來說明每一項疾病的特徵；「寶寶意外急救」，告訴您如何處理突發性的傷害；以及為您描繪出寶寶「生命最初的十二個月」。

目錄

♥目　　錄♥

生命最初的十二個月

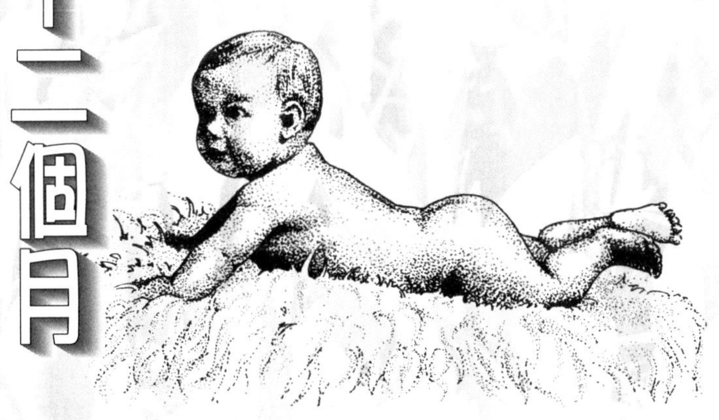

△寶寶出生的第一個星期

手中抱著軟綿綿、只有一丁點兒的小寶寶，聽著他出奇大的號咷聲，心裡眞是百感交集，旣歡喜又驚慌。看著寶寶的種種反應，深深感到造物者「鬼斧神工」的奧妙，卻又擔心凡夫俗子如己者，無法勝任照顧新生兒的重責大任。

對於初爲人父人母者，的確會有許許多多的憂慮。因爲出生不到一星期的寶寶，是有不少「異常」的現象，例如：

・呼吸呈不規則狀

・脈搏速度快

・體溫稍高

・排出糊條狀、黑色的糞便

・臉、胸、腹部皮膚有泛黃的現象

遇到上述的狀況，沒有一個爸爸、媽媽不會心驚膽戰的。其實，剛生下的嬰兒，呼吸大都呈不規則狀態，但會逐漸趨於穩定；平均一分鐘約為40～50次，是成人的二至三倍。脈搏通常是一分鐘130～140次，但在哭泣等激動狀態下，則跳動更頻繁。

由於新生兒的體溫調節機能尚未發育成熟，所以受外界環境的氣溫影響頗大，一般都在攝氏37度左右。若溫度高得離譜時，千萬別誤以為是新生兒的正常現象，一定要請教醫師。

新生兒出生後兩、三天，會有排糊條狀黑色糞便及皮膚泛黃的現象。前者只要開始吃母奶或牛奶後，就會漸漸變成黃色；後者則因人而異，通常一星期，至多兩星期就會有所改善，慢慢而自然地恢復到常態。

寶寶出生的第一個星期

M E M O	
一星期大的寶寶	
特徵	・除了吃奶之外，幾乎整天都在睡覺。 ・體溫偏高。 ・以哭泣來表達感受。 ・輕觸嘴唇即有吸吮的反應。 ・手有抓握的反射動作。
附註	・寶寶的胃容量約 25～50c.c.而已，容量小且收縮力弱，易發生吐奶現象。因此，在餵奶後要讓寶寶充分打嗝。

△第一個月的智能反應

寶寶一個月大的時候，體格就比初生時結實多了。而在視覺、聽覺以及肢體的反射動作，都日益發達；似乎有與外界溝通的能力。加上偶爾不經意的一笑，眞是可愛透頂，讓初爲人父母者，開始體會到生兒育女樂趣的一面。

這個階段的寶寶，對母親的動作能夠很清楚的反應，所以可以逗逗他，和他說說話。別以爲他聽不懂，如果他正忙著號咷大哭，也會暫時歇會兒。如果他眞的無動於衷，最好找醫生檢查看看比較放心。

對母親而言，最辛苦的事莫過於餵奶和換尿片了。或許有人會問：要用哪種材質的奶瓶比較好呢？一般說來，塑膠的較輕，拿起來比較不累；而玻璃的則有

好洗、易乾的好處。兩種奶瓶各有優點，但更好的是可以在微波爐內使用的奶瓶，若要加熱也比較方便。值得注意的是，奶嘴口不要太小，免得讓寶寶吸入過多的空氣；但若開口太大，則可能會嗆到。可將奶瓶倒立測試一下，如果奶是一滴滴流出，則還算適中，如果呈一直線噴出，那就太大了。

提到換尿片，現在比起過去方便多了，有許多的紙尿褲可供寶寶們使用。它的乾爽、清潔與便利性是不容否認的，只不過在經濟和環保上較爲差強人意。所以不妨與傳統尿片配合運用，在家裡用傳統尿片，出外則使用免洗尿褲。

有人擔心寶寶會因而產生尿布疹。其實不論你用何種尿片，都要勤於更替；更何況形成尿布疹的原因很多，有因糞便、尿液刺激所致的，也有因弄濕的尿片長時間沒換掉而造成的，或尿片的質料太粗而傷及肌膚，甚至是寶寶過敏性體質的關係。所以勤換尿片保持潔淨、乾爽是很重要的。還有，若是寶寶在包尿褲的腰及大腿部位常有紅紅的一圈，可能是尺寸的問題，尿褲旁邊的鬆緊帶過緊會傷及皮膚，所以一定要爲寶寶選擇最合適的尿褲。

只要寶寶吃得飽、排泄正常，舒舒服服的，一天中有大半都在睡覺。出生不久的寶寶沒有晝夜之別，只是反覆睡了醒，醒了睡，平均一天睡上十五～二十小時也不足為奇。在睡眠期內會分泌成長荷爾蒙，千萬不要去吵他，因為睡眠是他快速成長的重要關鍵。

第一個月的智能反應

<table>
<tr><th colspan="2">M E M O</th></tr>
<tr><td colspan="2">一個月大的寶寶</td></tr>
<tr><td>特徵</td><td>・會自己發笑。
・能辨別鮮豔的顏色。
・聽得到聲音。
・皮下脂肪逐漸增加，一個月內約增重一公斤左右。
・哭泣時有人和他說說話，會暫時停止哭泣。</td></tr>
<tr><td>附註</td><td>・在滿月前，請盡量哺餵母乳。
・抱寶寶入浴，可增進親子親密關係。</td></tr>
</table>

△愛笑的第二個月

兩個月大的寶寶眼睛會注視著人而報以微笑，讓人覺得寶寶眞是愈來愈可愛了。而寶寶在視覺和聽覺上也都有驚人的發展；當你以手掌靠近寶寶的眼前時，他會有眨眼睛的反射動作。雖然視力微弱，且看不清楚物體，但寶寶有時也會打開自己緊握的小拳頭，盯著不放；心情好的時候還會「嗯嗯啊啊」的自言自語呢！

因爲寶寶是這麼的可愛，你一定也很想帶他出去，看看這個世界，也讓人看看他。挑個暖和的日子，讓他有機會呼吸一點新鮮空氣；只要衣服足以禦寒的話，都不成問題的。但最好不要去人多、空氣髒、太嘈雜的地方，免得被傳染到一些病菌，那就很掃興了。

寶寶的皮膚及黏膜，藉由接觸日光而變得更健康，增加身體的抵抗力；但未滿兩個月之前，最好避免日光直射。如果你要讓寶寶享受日光浴，最好從腳一點點地開始，替寶寶戴上有帽沿的帽子，保護好頭、臉及眼睛，並逐步擴及手、大腿、手腕、臀部、腹部等處。結束日光浴後，別忘了替寶寶擦擦汗，餵他喝些白開水或果汁，讓寶寶開開心心的向你微笑。

愛笑的第二個月

<table>
<tr><th colspan="2">MEMO</th></tr>
<tr><td colspan="2">二個月大的寶寶</td></tr>
<tr><td>特
徵</td><td>• 吃奶量增加。
• 常常手舞足蹈。
• 體型胖嘟嘟的。
• 自己會發出咿咿呀呀的聲音。
• 會對人微笑。</td></tr>
<tr><td>附
註</td><td>• 餵奶應以寶寶的食量爲準則。
• 隨時保持寶寶全身的乾爽，避免汗濕衣服而著涼感冒。</td></tr>
</table>

△動動腦的第三個月

三個月大的寶寶表情與反應就更爲豐富了，喜怒哀樂都有辦法傳達。他會「咯咯、咯咯」的笑出聲，也會被逗得脹紅臉生氣，更了不起的是還會搖頭晃腦。若你讓寶寶翻身俯臥，他還會自己撐起頭、肩部位，甚至連胸部都離開地面。沒事也會把手指頭放入口中吸吮，像是遊戲般地玩弄自己的手。

寶寶到了這個時期，對聲音漸有反應，因此可以準備像搖鈴棒或鈴鼓等會發出聲響的玩具。如果在寶寶手搆得著的身邊附近，放置一些這種玩具，寶寶一定會搖搖擺擺的設法拿來玩，然後細細研究，樂在其中。

寶寶活動量增加，喝奶的量也相對的逐漸增多，如果母乳充沛，則盡量持續餵母乳。要是母乳、牛乳交替使用的話，最好請在分泌出乳汁時，先餵母乳，再餵牛奶。有些活潑的寶寶，有邊吃邊玩的習慣，那麼媽媽最好將每次的授乳時間訂在二十分鐘以下，下一次的授乳則在寶寶肚子餓時。

最好的授乳姿勢應該是怎麼樣的？首先把寶寶的頸部穩穩地架在母親的手臂上，以充滿安全感的擁抱方向餵奶。此時，母親與寶寶的眼睛間隔以三十公分爲佳，因爲這是母親看寶寶的最佳視線距離。在調節高度方面，可在寶寶臀部的位置上，放置浴巾等柔軟物。

近年來，奶粉的營養成分不乏與母乳相近的，但哺餵母乳對母體而言，也有促進子宮收縮、幫助使之早日恢復正常的優點；且從簡單、經濟的出發點來看，哺餵母乳也挺實惠的。

動動腦的第三個月

MEMO	
三個月大的寶寶	
特徵	‧對所有看得見的東西，均表示濃厚興趣。 ‧開始吸吮指頭，並以此為樂。 ‧會搖頭晃腦了。 ‧排尿量增加。 ‧認得母親的聲音與長相。
附註	‧可餵食稀釋果汁及湯汁。 ‧減少夜裡授乳的情形。

△東張西望的第四個月

四個月大的寶寶，對周遭的事物充滿了好奇心，和前一個月相較之下，在精神上的成長極為快速。高興的時候會放聲大笑，母親叫他的名字時，也會朝聲源看去，已經認得媽媽了。所以媽媽不在時，有的寶寶就會哭鬧；愛哭或乖順的孩子，這時期有明顯的差異。

這個階段的寶寶智慧逐漸增長，應盡量陪著寶寶，此時若多和他搭話，他則會愈早開始講話，且日後較善於表達。寶寶雖然仍不太明白語言的意思，但常常和他一搭一唱的，他的情緒會比較安定，也比較感受得到母親的關愛。如果母親不太理會寶寶，那麼就會變得比較黏人，不善於獨自玩耍。

除了智力的開發外，在營養上也該有些變化。應該一點點地讓寶寶習慣牛奶以外的味道及湯匙的觸感，並逐步進行斷奶。果汁、湯汁都可以試著餵給寶寶，一次不要太多，且要觀察排便的情形，再酌量增加。

東張西望的第四個月

MEMO	
四個月大的寶寶	
特徵	・事事好奇，任何東西都想抓進嘴裡。 ・頸部發育已經完全結實了。 ・會拚命的對熟悉的人咿咿呀呀的說話。 ・對看過的東西會漸漸有印象。
附註	・慢慢地讓寶寶習慣牛奶以外的味道及湯匙的觸感，視情況餵食斷奶食品。

△小手伸向世界的第五個月

五個月大的寶寶如果健康狀況沒問題，且開始會攝取牛奶以外的食物時，可以嘗試在此時期之末期，開始餵斷奶食品。

在剛開始的一個月左右，一天餵食一次，並在授乳前餵食。至於食量，也是從一口一口開始。因為斷奶初期是練習呑嚥食物的時期，所以要準備糊狀物，味道稀釋成大人的二～三倍，讓寶寶習慣味道清淡的各種口味。至於營養方面，只要吃奶就足夠了。

除此之外，這個時期的寶寶運動機能也有顯著的發達。手臂結實多了，腿力也增強不少；不但會使勁的揮舞雙拳，抱起他來則會拚命的蹬著雙腿。所以，如果臉被手帕或毛巾覆住時，寶寶會以手撥開。

當然最有趣的莫過於寶寶的表情愈來愈豐富，尤其是在看到母親時，會不自禁的流露出親熱、開心的臉色及舉止，以全身表達心中的喜悅。

小手伸向世界的第五個月

<table>
<tr><th colspan="2">MEMO</th></tr>
<tr><td colspan="2">五個月大的寶寶</td></tr>
<tr><td>特
徵</td><td>・手和腳的力量漸增，並喜歡活動。
・會區別母親與他人。
・開始會翻身了。
・斷奶初期。</td></tr>
<tr><td>附
註</td><td>・寶寶遲遲未能翻身，有時是因爲穿得太厚、被子蓋得太厚等，或處在難以移動身體的環境所致。</td></tr>
</table>

△遊戲中學習的第六個月

六個月大的寶寶已經是半歲的小孩子，愛說話、愛玩，整天唸唸有詞，也不知道他在說些什麼，就是自言自語說個不停；偶爾會冒出幾個有意義的單音節語彙，讓爸爸媽媽有意外的驚喜。

這個時候的寶寶很聰明，看見自己的爸爸媽媽會非常高興，如果看見一張生面孔，會狐疑地注視對方，甚至大哭大鬧。不過，凡事都受母親保護的寶寶，到了此時期，也想一點點地解放，這就是一個人遊戲的開始。爲了使寶寶一個人也會玩遊戲，重要的是在寶寶希望母親陪伴時，也加入他的遊戲。正因爲母親在寶寶喜歡的時刻陪伴在旁，而有了信賴感，寶寶才逐漸安心，並能一個人玩遊戲。

而且，以往只要寶寶一手握住玩具時，再遞一個玩具給他，他會放掉先前玩具，伸手拿另外的玩具。然而到了這個時期，則是一手握著先前的玩具，再以另一隻手去抓新的玩具，並對看得見的物體都感興趣。但要注意替寶寶選擇安全的玩具，周遭也不能放置危險物品。

遊戲中學習的第六個月

<table>
<tr><td colspan="2">MEMO</td></tr>
<tr><td colspan="2">六個月大的寶寶</td></tr>
<tr><td>特
徵</td><td>・能夠獨自長時間的遊戲玩耍。
・很愛說話（雖然不知寶寶在說什麼），像是在聊天。
・開始長牙。
・開始認生。</td></tr>
<tr><td>附
註</td><td>・發育較遲的寶寶，也有在周歲之後才開始長牙的情形。所以沒必要因為還沒長牙，就焦急不安。</td></tr>
</table>

△一秒鐘也停不下來的第七個月

七個月大的寶寶眞是一刻也閒不下來；會翻身、爬行、坐起、扶立等，既活潑又淘氣。寶寶這時已有強烈的自我意識，如果有人想拿走寶寶手上的玩具，他會緊握不放；如果你硬要強行取走，他也會不甘示弱的哭叫。

這個時候的寶寶若有人和他玩「捉迷藏」或「搗臉」遊戲，他會顯得十分雀躍。前者就是躲起來叫寶寶的名字，讓寶寶四下張望，尋找母親的身影；後者就是「嗚——哇！」的時而掩著臉；時而打開手掌出現自己的臉，當寶寶看見自己期待中的面孔，會更加開心。

在飲食方面，此時開始斷奶過了兩個月左右，即進入斷奶中期。該開始準備可以舌頭壓碎的軟硬度適中的副食品。稀飯以煮至柔軟粒狀爲宜；麵包、吐司則以浸泡在牛奶或湯裡的狀態爲原則；青菜盡量切成小段煮軟。如果寶寶非糊狀食物吞嚥不下的話，就不要太勉強，再多觀察一下狀況爲宜。

一秒鐘也停不下來的第七個月

<table>
<tr><th colspan="2">M E M O</th></tr>
<tr><td colspan="2">七個月大的寶寶</td></tr>
<tr><td>特

徵</td><td>・寶寶會坐起來，也開始會在地上爬行了。
・很喜歡破壞物品的聲音。
・發現有趣的東西，會抓起來來回地搖晃、送進嘴裡吸吮以確認。</td></tr>
<tr><td>附

註</td><td>・寶寶一開始長牙，媽媽就得留心預防蛀牙了。</td></tr>
</table>

△愛模仿的第八個月

八個月大的寶寶模仿能力很強，會學人拍著塡充玩具，表現出安撫入睡的神情。這時候不妨教寶寶一些簡單的擦擦手、練習刷牙……等日常生活的小動作，這些都是促進寶寶智能發展的重要遊戲，讓寶寶在反覆當中學習。

因爲這時期的寶寶對任何事物都表示積極的態度，所以如果寶寶想做什麼，只要是安全的，就讓他自由一下吧！但請千萬記得，菜刀、剪刀等危險物品，請收放在寶寶的手搆不到的地方；也別忘了取下餐桌上的桌巾，免得不愼被寶寶拉著桌巾而把桌上的東西摔下來，會有受傷的危險。

除此之外，寶寶也會伸出雙手，要求大人抱抱，並以肢體語言告訴別人自己

的意志；就像有的寶寶會表示自己想拿湯匙吃東西的欲望。雖然寶寶的動作略顯笨拙，也可能會灑得一地，但還是可以讓他在邊吃邊玩中慢慢學會自己吃東西。

如果寶寶將食物拿在手上卻不吃，母親可做出吃東西的動作，讓寶寶學習。

愛模仿的第八個月

<table>
<tr><th colspan="2">MEMO</th></tr>
<tr><td colspan="2">八個月大的寶寶</td></tr>
<tr><td>特
徵</td><td>・擅長模仿別人的動作，明白大人所說的話。
・愛向母親撒嬌，常黏著人不放。
・寶寶會表示自己想拿湯匙吃東西的欲望。</td></tr>
<tr><td>附
註</td><td>・讓寶寶練習自己吃東西。
・多帶著寶寶出去散步、購物，招待客人到家中玩，讓他習慣和別人相處。</td></tr>
</table>

△開始獨立的第九個月

九個月大的寶寶身體各部位都更爲發達了，因此獨立的行爲也愈來愈多。例如：看見散置於房間內的小東西會想收集，對於櫥櫃的門或抽屜也都會很感興趣的開開關關。所以母親有必要耐心的教導寶寶哪些事情不可以做；當然，如果寶寶表現良好，也應該拍手鼓勵他，這樣寶寶會更努力地贏得更多的讚美。

隨著寶寶活動範圍擴大，因此要擔心很多的意外發生。特別是摔落、摔倒的意外，以及誤食彈珠、藥品、小東西等，像剪刀、針、刀之類的危險物品，一定要收到寶寶構不著的地方。

爲了讓寶寶的體力有發洩的機會，可以和他做各種運動，來促進寶寶身體的活動。這個時候的寶寶懂得做出「給我！」的表示，所以你可以和他玩拋球遊戲。在你來我往中培養親密感，也促進他大肌肉的發達。或者可以給他積木自己玩，讓寶寶指尖的活動更加靈活。

開始獨立的第九個月

MEMO	
九個月大的寶寶	
特徵	・採兩手伸直的方式行進，也開始扶著東西學步。 ・指尖運動急速發達，也會自己用杯子喝水。 ・會向爸爸媽媽招手說再見。
附註	・這時期沒什麼特別常見的疾病，但是很容易罹患各種感染症。所以有必要接受預防接種。

△喜歡冒險的第十個月

十個月大的寶寶活動力更大，對周遭充滿好奇心與冒險心；他的興趣範圍很廣，並且積極地行動，常會做出大人意想不到的事。

這時期的寶寶最喜歡有人陪著玩了，平時有媽媽一起遊戲，爸爸偶爾也應該抽空與寶寶多接近，設計一些有別於平日的玩法，寶寶會很開心的。

在日常生活上寶寶也很有進步。例如，杯子罩在玩具上時，他會抓起杯子，找到玩具；拿紙筆給他，他也會拿起筆來胡亂塗鴉一番；甚至會配合音樂擺動。更了不起之處是，大致上都認得家人的長相，會向人示好。有的寶寶會以單字講話，不過有的寶寶說起話來還是含糊不清的。

寶寶的安全是這個階段比較需要加倍用心的。例如洗澡水用畢一定要放掉，以免寶寶不小心跌落而發生不幸；陽台、欄杆、樓梯也是寶寶容易發生意外之處，最好設置防護，且小心監視。

喜歡冒險的第十個月

<table>
<tr><th colspan="2">M E M O</th></tr>
<tr><td colspan="2">十個月大的寶寶</td></tr>
<tr><td>特
徵</td><td>・運動量增加了，身高增高了。
・喜歡爬樓梯似的爬上、爬下。
・開始練習獨自走路。
・認得親人的長相。
・喜歡胡亂塗鴉。</td></tr>
<tr><td>附
註</td><td>・此時期的寶寶幾乎所有的東西都能吃。但是盡量避免不易消化、鹽分太多及辛香料強的食物。</td></tr>
</table>

△小跟屁蟲的第十一個月

十一個月大的寶寶愈來愈調皮了，也喜歡跟在母親的背後或爬或走，雖然行動蹣跚，意志力卻不容忽視，讓人不得不帶著他到處走走逛逛。

這時期的寶寶因爲語言的理解力比以往加強了許多，所以只要一問到「眼睛在哪裏？」「嘴巴在哪裡？」寶寶會指著自己的眼睛和嘴巴給人看，如果寶寶做得很正確，母親一定要適時的給予讚美，讓寶寶更有信心。

除此之外，可選擇一些會發生聲響的玩具給寶寶玩。例如小鼓、玩具鋼琴、木琴等樂器。只要母親示範給寶寶看，寶寶很容易就會忘情地陶醉在敲敲打打的樂趣中了。

不讓寶寶充沛的精力有發洩的地方，恐怕他會自己四處去尋找好玩的。例如，拉開抽屜弄得一團亂，把紙窗戳破，拿書起來亂撕亂畫，食物散得滿地都是等等；把家裡弄得天翻地覆，讓母親頭痛不已。

在這種情況下，母親一定要捺著性子教寶寶把散置一地的東西物歸原位，寶寶也會很樂意的聽從指示的。因爲對寶寶來說，這也是一種遊戲。在寶寶完成後，別忘了鼓勵他哦！

小跟屁蟲的第十一個月

<table>
<tr><td colspan="2">MEMO</td></tr>
<tr><td colspan="2">十一個月大的寶寶</td></tr>
<tr><td>特徵</td><td>・語言的理解能力更加進步。
・用餐時藉著練習而會熟練的自己拿湯匙，用杯子喝牛奶。
・喜歡拉開抽屜，將東西丟得一地都是。</td></tr>
<tr><td>附註</td><td>・不要太苛責寶寶的調皮搗蛋，只要有耐心地教導，寶寶自然就會區別好與不好的事情。</td></tr>
</table>

△人生一大步的第十二個月

十二個月大的寶寶，過了生日之後，就是一歲了。這個時期最大的變化，莫過於是開始會獨自步行了。雖說是獨自步行，其實是在沒有扶著物體的情況下，走出二、三步的狀態。不過，還是因人而異，有的寶寶會稍微慢一些。

一歲左右的寶寶自我意識強烈，任何事都照自己的意思去做，一不如意，就大發脾氣。例如他看中意的玩具不買給他，他就會大吵大鬧，讓人很生氣。這時候千萬不要責打或痛斥寶寶，應該試著哄哄他，跟他講點道理。

當寶寶剛會走路，有很多機會牽著小手走路。寶寶絆倒時，母親突然拉起寶寶的手，極易造成手肘脫臼。一旦引起脫臼，日後會變成習慣，需小心。

人生一大步的第十二個月

MEMO	
十二個月大的寶寶	
特徵	・體重約為剛出生時的 3 倍，身高則為 1.5 倍。 ・漸漸會吃各種食物。 ・一不如意就大發脾氣。 ・會踉蹌地獨自走二、三步。
附註	・要尊重寶寶的意願，讓他做自己喜歡做的事。 ・培養寶寶早睡早起的習慣。

寶寶飲食須知

△吃魚使孩子更聰明

民間流傳著「多吃魚會變聰明」的說法，事實上在科學上也獲得了驗證。魚類中含有三種營養素：

．酥氨酸，內含於魚肉的蛋白質。

酥氨酸能在大腦變成兩種神經元傳導資訊時所需的生化傳導物，即度巴氨酸與正腎上腺素。當上述兩項充足時，大腦即有敏銳的思考能力和清醒明確的反應。

．阿琳那酸，內含於魚脂裡。

它能使血液在大腦血管中流動順暢，並能使大腦神經元的細胞膜健全。

．礦物質包括硫、鋅、銅、鎂、鈣、鈉，含於魚骨魚身裡。

這些具有抗氧化的礦物質能保護大腦細胞少受傷害，而發揮智能提升功能。

一般說來，大部分的魚都有相當含量的蛋白質酥氨酸和抗氧化的礦物質，只有阿琳那酸含量個別差異較大。而含阿琳那酸的魚類大多屬於深海魚類，魚肉的顏色較深。如鮭魚肉呈紅橙色、鮪魚肉呈桃色、鯖魚肉呈淺棕色等。

怎樣料理才能保存較多的營養素呢？依序如下：

- 吃生魚最能攝取到全部魚身上所含的營養素。但這是就理論上來說，因爲若處理不當，很可能連寄生蟲都吞了下去，對幼兒而言，還是以熟食爲宜。
- 僅添加蔥、薑、鹽、胡椒等調味料，在微波爐煮熟即可。
- 蒸的魚肉保有的營養素比用微波爐料理的稍少，但仍不失爲一種不錯的烹飪法。
- 水煮的方式來烹調魚也可以。
- 烘烤魚也仍差強人意。
- 千萬不要油炸，否則魚的營養素就被破壞光了。

△維他命A預防感冒

維他命A不僅對成人是一種不可缺乏的營養，對孩子的生長也很重要。維他命A如果攝取不足時，易患感冒和視力減退。因為維他命A除了能抵抗病菌外，還是保護眼睛健康必須的營養素之一。

孩子對維他命A的需要量是：

- 未滿一歲時一天需要一千三百國際單位。
- 一～五歲時一天需要一千五百國際單位。

一般人所需要的維他命A，80％都是從綠橙黃色蔬菜中攝取來的。而凡是綠橙黃色蔬菜都含有葉紅素，葉紅素在人體內有三分之一會變成維他命A；也就是說，攝取三千國際單位的葉紅素，可以變成一千國際單位的維他命A。小孩大都不喜歡吃蔬菜，尤其是像胡蘿蔔或菠菜之類的蔬菜，因此父母在烹調上就必須花點心思才行。

如果你覺得自己的孩子常常感冒，而且每次感冒都很難治好；或孩子的視力不好，且有發紅等現象，建議你多補充孩子含維他命A的食物。

含較多維他命A的食物如下：

食品名(每百克)	卡路里(Cal)	蛋白質(g)	維他命A(I.U.)	維他命B_1(mg)	維他命B_2(mg)	維他命C(mg)
牛肝	129	20.5	5000	0.3	2.2	30
豬肝	130	19.5	10000	0.4	2.2	10
胡蘿蔔	51	1.3	1300	0.06	0.04	7
菠菜	28	3	2600	0.12	0.3	100
芹菜	50	3.7	1800	0.2	0.24	200
小白菜	20	2.3	2000	0.1	0.15	90
奶油	721	0.6	2400	0.01	0.03	0

△維他命C健康健美

被稱之爲「美容維他命」的維他命C，除了有美容的作用之外，對孩子的發育也有很大的關係。它可以使細胞的呼吸更活潑，還能使鈣質沉澱。

鈣質在牙齒和骨骼的製造過程中是不可缺少的要素，因此對於成長期的孩子，維他命C爲健全骨骼和牙齒的重要營養素。一旦缺乏維他命C，則牙齒和骨骼的形成就會受到阻礙。

另外，維他命C不足時，人體組織對病菌的抵抗力也比較弱，容易感冒；若身體一旦受傷，傷口也較不易癒合。

一般孩子對維他命C的需要量是：

・未滿一歲時一天需要三十五公絲。

・一～五歲時一天需要四十公絲。

在新鮮的蔬菜、水果、荷蘭芹、辣椒、青椒、菠菜、草莓等食物中都含有很豐富的維他命C。

爲了不破壞維他命C，必須特別注意烹調的方法。因爲維他命C很容易溶於水又不耐熱，所以煮過的蔬菜，其中維他命C的含量大約會破壞50％到60％左右。因此要保持蔬菜中維他命C含量的烹調法是，用高溫而短時間的烹調。

值得注意的是，有些蔬菜和水果用果汁機打碎時，維他命C在一分鐘內會全部被破壞，而維他命B_1在十分鐘內大約會破壞二分之一以上，所以，喝果汁要趁新鮮，不要存放太久。

食品名(每百克)	卡路里 (Cal)	醣質 (g)	維他命A (I.U.)	維他命B_1 (mg)	維他命B_2 (mg)	維他命C (mg)
荷蘭芹	50	7.2	1800	0.2	0.24	200
菠菜	28	3.9	2600	0.12	0.3	100
青椒	28	4	330	0.1	0.07	100
草莓	38	7.1	16	0.04	0.02	80
檸檬	32	8.5	0	0.04	0.02	50
大豆	125	11.3	130	0.3	0.07	35

△維他命D強壯骨骼

孩子身高增加，就表示骨骼在發育；如果骨骼脆弱的話，對孩子的成長有極爲負面的影響。而維他命D不足時，除了骨骼會發生脆弱的現象外，發育也會受到阻礙；嚴重者甚至會形成佝僂症、軟骨病等。

佝僂症正是因爲維他命D的不足，造成骨骼脆弱，無法承受整個身體重量，使骨頭呈現彎曲的症狀。

鈣質與骨骼的發育息息相關，但人體內的鈣質不論怎麼充分，也無法單獨製造出強健的骨骼，必須要有維他命D和磷的幫助。維他命D可以幫助腸壁吸收鈣質或磷；換句話說，只要有充分的維他命D，人體內百分之五十到百分之九十的

鈣質就會被吸收。但是如果維他命D不足，就只能吸收到百分之二十以下。簡言之，如果沒有磷和維他命D，光憑鈣質也不能製造強健的骨骼。

人體所需要的磷可以從日常飲食中充分得到，不至於會有缺乏的現象，但是維他命D就比較容易缺乏。

除了某些食品中含維他命D以外，太陽光也含有大量的維他命D。因爲人的皮膚裡有一種物質，在受到紫外線照射後就會轉化爲維他命D，因此多曬太陽，可以獲得維他命D。

不論嬰兒或成人，每天至少要攝取一千四百I.U.（國際單位）的維他命D。

△多喝牛奶補充鈣質

鈣質是製造牙齒的主要成分。有一種說法是，人的牙齒在母親的子宮裡就已經奠定了基礎，然後在四歲到十歲的期間就會長出恆齒。

這些使用一輩子的牙齒是否堅固，就要靠充分的營養攝取和清潔保健習慣了。尤其在幼兒期，一旦鈣質不足，將會導致牙齒和骨骼的脆弱，形成之後難以彌補。

一般而言，人體中的鈣質有百分之九十九以上是含在骨骼和牙齒中，其餘部分則分佈於血液和組織液中，擔任血液凝結、心臟的活動、肌肉的收縮等潤滑作用，一旦缺乏時會造成痙攣或心臟病發作等直接危害生命的疾病。

孩子對鈣質的需要量是：

・未滿一歲至四歲時一天需要0.4 g。

・五～七歲時一天需要0.5 g。

含鈣食物中，牛奶是最豐富的一種。牛奶裡的鈣質比蔬菜、小魚類裡的鈣質，更容易被人體消化吸收，所以能一天喝兩瓶牛奶的話，鈣質的需要量就足夠了。

食品名	鈣質含量（mg/100g）	一次食用量（g）	含鈣質量（g）
牛奶	100	200	200
羊奶	120	200	240
脫脂奶粉	1200	20	240
養樂多	120	100	120
乳酪	630	25	158
冰淇淋	120	100	120
大豆	190	30	57
豆腐	120	250	300
蔬菜類	70～190	100	70～190
沙丁魚	220	50	110
蛤仔	260	30	76

△飲料、可樂不宜多喝

打開電視，就不難發現各式各樣、五花八門的飲料出現在廣告上，看得人眼花撩亂。碳酸飲料、茶飲料、果汁、機能飲料、奶茶、運動飲料、礦泉水等，還不斷的在推陳出新。

市面上的飲料種類繁多，銷售量也與日俱增，很多成人在不自覺中，一天都會喝上幾瓶。

例如：早上一杯咖啡，中午來盒果汁，累了來罐可樂，晚上爲了提神也少不了茶飲料。

這些飲料的味道都不錯，但如果飲用過度，實在有礙健康。

這些飲料的主要成分不外是水和糖質，某些飲料更含有咖啡因，至於礦物質和維生素是完全沒有。因爲這些飲料中，含有相當多的糖質，卡路里很高，攝取過多會造成食欲不振。

這類的飲料，小孩一天最好不要飲用超過一杯以上；如果還要喝，最好改以牛奶或現榨果汁代替。

△點心適可而止

點心和正餐不同，甜甜的糖或好吃的水果，的確可給孩子帶來不少快樂，滋潤孩子的心。

點心稱得上是飲食的一部分，和整個飲食生活的平衡以及飲食的調和都有密切的關係。特別是對於食量很少的孩子，或是營養不足、食欲過旺的孩子，都必須把點心當作飲食的重要部分。

爲了補足正餐時卡路里的不足，點心也是必要的。因爲孩子的胃量都很小，不足以應付一天活動所需的熱量，因此一天三次正餐外，有必要設定一、兩次吃點心時間來補充體能。

但一個孩子每天的卡路里量的一半以上來源若是靠點心，那他的營養就不會均衡。

正餐吃得太少，眞正所需要的蛋白質、鐵質、維生素等就無法攝取；因爲這些營養素是點心、零食中所沒有的。所以愛吃點心的孩子，雖然他常覺得肚子已吃得很飽，但卻容易造成營養不良和貧血。

孩子的自制能力畢竟不是那麼好，因此，一看到好吃的點心，就吃得停不了口，然而也往往因點心吃得過多，而造成卡路里過多，使血液中葡萄糖的量增加。雖然因而不會有飢餓感，但到了正餐時間卻都食欲不振，導致胃口不佳，造成營養不良。

△對頭腦有益的營養素

吃什麼食物可使寶寶「頭好壯壯」是許多爲人父母者很想知道的。所謂「望子成龍，望女成鳳」，除了希望寶寶身體健康之外，當然更希望在競爭激烈的社會中，孩子能夠「高人一等」；特別是在「頭腦」方面。那麼有哪些是對頭腦有益的營養素呢？

·不飽和脂肪酸

能溶化膽固醇，使腦部血液流暢，對於腦力的改善，非常重要。

主要多含在野生動植物中，比較易得到的如鯧魚、芝麻等。前者對腦細胞的增殖不可或缺，因爲它能結合維他命B_1，達到促進腦細胞的作用；而後者則是腦部活動的能源，也是促使腦部血液流暢的大功臣，灑在飯菜上是很簡便的吃法。

・蛋白質

在大腦會發揮支配「興奮」和「抑制」的作用，藉此作用我們才能充分發揮思考和記憶的能力。

以對腦部發育有益的觀點來看，植物性蛋白質比動物性蛋白質好得多。在日常生活中，含有豐富植物性蛋白質的食品很多，像豆腐、豆類、味噌、黃豆製品等。而且這些食物不會因烹飪而失去營養分，應可輕易配在菜單之中。

此外，魚類食品所含的蛋白質也比肉類好，因爲魚類可提供不飽和脂肪酸和豐富的良性蛋白質。

‧醣類

醣類也是改善腦力不可或缺的營養素，但若是人工甘味或白糖攝取過多，對腦部就很不利。因爲一般的醣類都是先分解成葡萄糖後，再進入腦部；可是白糖等則直接進入血液，阻礙血液的順暢。

所以，我們要避免攝取直接進入血液的白糖或人工甘味，而選擇含有維他命、礦物質，而且先被體內吸收再分解的糖分。

黑糖和蜂蜜就含有很豐富的維他命和礦物質，能促進代謝作用，爲體內吸收，製造出腦部一切活動所需的能量。

應付難纏寶寶

△解決厭食牛奶嬰兒的七大對策

嬰兒的主食就是牛奶（或母奶）。若是沒有其他先天性機能異常或生理上並無大礙的寶寶卻有「厭食牛奶」的現象，的確會讓媽媽很傷腦筋的。下列提供幾則訣竅，讓煩惱迎刃而解。

·順水推舟

利用嬰兒酷愛吸吮的本能，趁其昏昏欲睡之際，將奶瓶塞入他的口中。別忘了，當寶寶停止吸吮或牛奶瓶空空如也時，必須將奶瓶由寶寶的口中取出，以免使寶寶的口腔泡在牛奶中造成傷害。

・加味加料

牛奶濃度以淡爲宜，或於牛奶中混加果汁或乳酸飲料，誘發其飲用食欲。

・改善器具

寶寶若是由於母奶分泌不足而改食牛奶，起初則可能因人造奶頭過硬而拒絕食用。所以，選擇適當的人造奶頭是十分重要的；除了要合於寶寶口腔的大小以外，在哺乳前也不妨先將人造奶頭置於熱水中浸泡使其柔軟。

・見機行事

寶寶喝奶分量不定，多半早上起來時喝得較多，所以如果看他食欲旺盛，則不妨酌情略增其量。

·投其所好

配合寶寶的月齡，烹調他所喜歡的斷奶食物，餵食的次數酌情遞增。

·其他選擇

寶寶如果對黏糊斷奶食品不感興趣，則可改以清淡味爽且易食之物，例如嬰兒用布丁、蒸蛋、養樂多及豆腐等。

·注意事項

一旦寶寶嗜食斷奶食品後，則更爲精研食譜詳加配製，且盡量採用富含天然甘味食物，避免因砂糖及養樂多等乳酸飲料的過度攝取，導致有礙牙齒的健康。

△愛吮吸指頭的寶寶

細心的媽咪會發現，有時寶寶會乖乖的躺在搖籃裡，嘟起紅紅的小嘴，吸吮著肥肥短短的大拇指，看來似乎十分滿足與幸福，讓人不忍打擾他。不過，卻難免令人擔心寶寶吸吮指頭是否有不好的影響？

事實上，嬰兒時期吸吮指頭幾乎是寶寶本能的運動，二到三個月大開始吸吮指頭的寶寶非常多，媽媽們毋需過於緊張。那麼，究竟吸吮指頭對寶寶有沒有不好的影響呢？

一般說來，長期吸吮指頭可能會影響到正在發育中牙齒的排列及嘴形的美觀，此外，不乾淨的手指也可能引來「病從指入」的疾病，不得不小心防範。不

過，六個月以下的寶寶手指頭比較乾淨，因此病從指入的可能性稍低一些。

倘若媽媽不希望寶寶養成吸吮指頭的習慣，該如何去替寶寶改正呢？傳統上在寶寶手指頭上擦綠油精、塗抹辣椒、灑胡椒粉等方法，雖然可暫時抑制寶寶吸吮指頭，但是當寶寶懂得擦乾淨再吸吮時，這些方法就失效了。所以提供你下列幾個方法：

- 媽咪可勤於把寶寶在吸吮的指頭拉出。
- 確定一下寶寶是否肚子餓了，需要喝奶或喝水。
- 替寶寶戴上手套。
- 三歲以下六個月以上的寶寶可給予奶嘴來替代。
- 三歲以上則用看電視、玩玩具、吃水果等方式漸漸改變其習慣。

△夜貓族寶寶的處理方法

你家的寶寶是不是白天都睡得很香甜，可是一到晚上就遲遲不肯入睡呢？這種情形對工作繁忙的現代父母來說，是很頭疼的問題。寶寶不睡覺，自己也沒辦法休息。如果不是生理因素造成寶寶夜裡哭鬧，那麼，該如何調整寶寶的睡眠時間？

(1)平時早上、中午都可以讓寶寶睡，但到了傍晚五、六點時，最好盡可能的把寶寶吵醒。

(2)將傍晚五、六點的那一餐，其奶量減半餵食，如此寶寶沒有滿足感，比較難熟睡。這時，父母可跟寶寶玩耍，或稍微哄哄他；等到十點那餐，再讓

寶寶吃飽，如此便能睡久一點。

(3) 讓寶寶白天時有白天的作息，盡量跟他玩，讓他體力耗費掉。訓練的方法是——

- 讓寶寶在固定的地方睡。
- 集中餵哺時間。
- 訓練寶寶半夜睡覺當中不能有奶喝。
- 放置寶寶覺得有安全感的東西在旁邊，這樣寶寶雖醒來，有時哭哭便又繼續睡著。
- 寶寶哭時不要馬上去抱他，先摸摸他、輕鬆和他說話。
- 房間燈光盡量暗些。

△活潑寶寶的安全守則

寶寶年幼無知又對周遭充滿好奇心，而家中又是他們最常發生危險的地方，因此寶寶居家的生活安全，是身爲父母不可忽視的。安全守則如下：

- 桌椅、櫃架或小床，應經常檢查是否安全、穩固。
- 雙層床上層的邊緣要有護欄，上下的梯子也要堅固。
- 經常檢視屋內牆壁上或地板上，有沒有剝落的油漆屑，並且適時加以清除，以免寶寶不小心抓入口中。
- 不要讓寶寶玩小件的玩具，或邊緣尖銳的玩具。
- 不要讓他在廚房爬進爬出，尤其是正在燒煮開水時。

- 不要讓寶寶獨自在浴室內活動，片刻也不行。
- 不論時間長短，都不可以讓寶寶或幼兒單獨留在家裡。
- 不要將細小用具放在桌子、櫃子邊緣，以免弄翻。
- 火柴、打火機放在幼兒拿不到的地方。
- 藥物、殺蟲劑、清潔劑等，瓶蓋要蓋緊，並仔細收好。
- 塑膠袋要收妥，以免寶寶套在頭上玩，因而窒息。
- 不要在寶寶頸上繫上任何細繩類的東西，如奶嘴、項鍊等，以免纏繞而窒息。
- 幼兒的穿著不要過緊而夾到身體或透不過氣；但也不要過長而造成行動不便或絆倒。

△仰睡、趴睡、側睡？

爲了讓寶寶有個漂亮的腦袋瓜，許多父母眞是煞費苦心；在忙著餵奶、換尿片、洗澡……之際，更要替寶寶調整睡姿。

初生嬰兒由於骨骼膠質較多，所以理論上來說，是比較容易塑造的；但隨著喝奶的時間增加，鈣質含量較多，就不易塑造了。就一些具有育兒經驗的媽媽的說法是，一、二個月齡還有塑造的餘地，三個月後所需的時間就較多，但因爲嬰兒的頭形還在成長，所以還有機會。

那麼何種睡姿是寶寶的最佳選擇呢？台大醫院小兒科醫師表示，醫學上有人研究，趴睡容易導致嬰兒猝死症的發生，而仰睡易造成胃食道逆流、嘔吐，但截

至目前為止，這些都未成定論，所以不見得這些睡姿會有危險。且人的生理有自動反射的作用，天生就有保護自我的本能，足月的嬰兒如果睡得不舒服，自己本能的會翻轉成最適合的姿勢和位置。

基本上，只要方法正確，又有大人在旁看護，趴睡的確有下列好處——

- 寶寶會較有安全感，不易受到驚嚇。
- 對於有腹脹氣的寶寶，讓寶寶趴睡，有利於排氣，減輕腹脹。
- 趴睡也可避免寶寶有吸入性肺炎或阻塞呼吸的情況發生。
- 趴睡由於腹部朝下，也較不易著涼。
- 當寶寶溢奶時較易流出，比較不會有嗆到或窒息的危險。

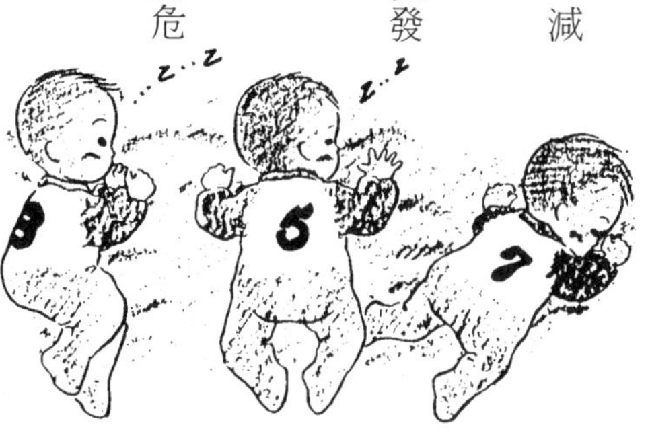

△超重寶寶減肥計畫

寶寶胖嘟嘟的模樣，任何人看了都忍不住去捏捏他蘋果般的小臉，順便讚美孩子的媽兩句：「你的小孩帶得眞好，白白胖胖，好有福相！」然而，「肥胖不是福」的觀念，此時此刻早已被拋到腦後去了。

但是，何謂肥胖？在人們的印象中，小孩子不就是應該長得圓滾滾的才是嗎？其實不然。體重若是超過理想體重的20％以上就是肥胖。肥胖代表著體內的脂肪組織產生變化；原因有二，一種是脂肪細胞數目的增殖，一種是脂肪細胞本身變大。而嬰兒出生至二歲之間，體內的肥胖細胞多，父母若在此時餵食過量，造成嬰兒過胖，就可能導致所謂「脂肪細胞數目的增殖」的情形發生。

早期的肥胖，在往後成長的過程中，要恢復標準身材並不容易，甚至有的因此而定型。所以就像疾病要早期發現、早期治療，肥胖也是愈早治療愈好。甚至先一步的預防發胖，也遠比日後辛苦減肥容易多了。

說到這裡，我們必須了解新生兒爲什麼會超重？除了遺傳因子和體內代謝異常、內分泌失去平衡等先天因素之外，不良的飲食習慣和運動不足是主要的原因。

什麼是不適當的餵食？例如：

·奶粉的濃度太濃或太稀。

·哭鬧時，以吃奶來安撫。

·太早或過多添加副食品。

如果已是過重寶寶了，又該如何爲寶寶進行減肥計畫呢？可由運動和飲食兩方面雙管齊下。

㈠**運動方面**——自足部運動著手鍛鍊

·配合寶寶發育，於嬰兒仰臥及遊戲時，使其手腳得以充分運動。

• 爲使寶寶得以活動自如，視情況不要讓他穿太厚重的衣褲。
• 如果寶寶已經能坐起來，不妨給他一個大皮球，讓他可以爬行著追逐或滾動。
• 試著訓練寶寶連續翻身。
• 父母可自寶寶腋下將他垂直抱起，使其可以揮舞雙腿。

㈡ **飲食方面**——選擇有益的食物，避免令人發胖的食物

• 定時定量，不偏食。
• 寶寶吃不下食物時，不要強迫他吃。
• 不要以含糖果、可樂或零食等甜度過高的食物當作寶寶的點心，最好是自己動手做點心，較便於控制甜度及熱量。
• 不要習慣性的以食物來撫慰寶寶的哭鬧。
• 多關心寶寶的生活，讓寶寶感到有安全感及關懷。
• 可以適時的灌輸寶寶正確的飲食觀念。

△告別尿布疹與尿布

小寶寶的屁股長期包裹在尿片裡，經過大小便的混雜浸濕，因悶熱不透氣，會使得皮膚軟化、脆弱、破皮而易受傷。當你發現寶寶在包尿片的皮膚處有一群鮮紅色的小丘疹，以及成片粗糙的紅色皮膚，像猴子般的紅屁股，此即有可能是尿布疹。

目前一般家庭多使用可拋棄的紙尿褲而少用布尿片。購買時應選擇含有高分子吸收襯墊的紙尿褲，此外，選擇合身的紙尿褲對寶寶也是很重要的。

雖然尿布疹的發生與否和個人的體質或使用的尿片種類有關，但是父母是否勤換尿片也是個重要因素。即使有高分子吸收襯墊，家長仍需爲寶寶勤換尿片，才能避免尿布疹的發生。

對有心的家長而言，勤為寶寶換尿片並不困難，不過，換尿片時如果忽略了一些小細節，寶寶仍可能飽受尿布疹之苦。

．少用濕巾

許多大人習慣用濕巾替寶寶清潔屁股，但某些濕巾中含有化學物質，對部分寶寶的皮膚會造成刺激。

．勤於清洗

家長在寶寶大便後，務必以清水為其清洗乾淨，切記不要用衛生紙來擦拭殘留在皮膚上的糞便，不但會擦破寶寶的柔嫩肌膚，也很難擦得乾淨。

．是否抹油

冬天皮膚較乾燥，塗一些含油脂的保養品，可以減少肌膚與尿片間的摩擦，對預防尿布疹有所助益。但在高溫潮濕的夏季，則是少塗爲妙。

總括來說，嬰兒尿布疹預防的原則如下：

- 勤換尿片，勤洗屁股，保持乾爽。
- 選擇尺寸合宜、舒適透氣的尿片。
- 若寶寶有腹瀉、腸胃炎等症狀，應盡速治療，以免因稀軟便太頻繁，而引發尿布疹。
- 勿亂擦成藥，造成不必要的接觸性皮膚炎。

如果要完全避免尿布疹的發生，或許和尿片說再見也是可以考慮的方法。當然必須是寶寶大到足以學習自行排便時可行性較高。

小便訓練可從二歲到二歲半寶寶膀胱功能成熟後開始。一旦家長覺得寶寶尿濕的頻率降低，表示其膀胱容量已增大，且功能也趨於成熟，此時如果寶寶也懂得表達則可開始。

首先，每隔半小時左右，即帶寶寶去尿尿，目的在於讓他了解學會在特定地方排小便。若是寶寶已經進展到白天約四～五小時才排一次小便，就可開始訓練他控制夜尿，這通常是在寶寶二到三歲半之間，方法是——

·晚餐後盡量不再讓寶寶喝水。

·寶寶睡覺前再帶去排一次小便。

·半夜將寶寶搖醒叫他去尿尿。

不論是何種訓練，家人一定要適時的鼓勵寶寶，讓寶寶在主動心態下學會控制排便，而不是爲避免責罰而做到符合要求。

通常大便訓練，因一天僅排一次大便，較不成問題，可在一到二歲寶寶肛門擴約肌已差不多發育成熟後開始。首先觀察寶寶的習慣性在每日何時大便，繼而誘導寶寶在固定時間養成坐在便盆排便的習慣。

△手舞足蹈嬰兒體操

嬰兒體操，是一種寶寶和父母共同愉快進行的體操，主要目的在促進寶寶的運動能力，使寶寶的身心得以健全的成長。畢竟唯有加強親子之間的接觸，才能培育出活潑開朗的孩子。

在你興致勃勃的想與寶寶一起做體操時，必須注意以下事項：

(1)做嬰兒體操時，一定要配合嬰兒本身的發育狀況來進行。

(2)寶寶在做嬰兒體操的最佳時間，是在做日光浴、換尿布、心情愉快，以及吃飽之後。

(3)做嬰兒體操時，最好讓寶寶打赤腳，尿片也要拿掉，盡量擺脫所有的束縛。

(4)做體操的場所，應以安全爲優先的考量條件，然後替寶寶鋪上軟硬適中的床墊或棉被。

(5)在與寶寶一起做嬰兒操時，別忘了要面對寶寶，且不時地對他說話，讓他願意愉快地練習。

(6)進行嬰兒體操時，爲了不弄傷寶寶，有些簡單的基本掌握寶寶手腳的原則，必須確實做到——

・**握手的方法：**讓寶寶握住大人的拇指。爲了安全起見，大人必須將食指圍在寶寶的手腕部位。

・**夾住腳踝的方法：**利用食指和中指夾住寶寶的腳踝，如果寶寶想要將腳伸直時，大人應該讓他如願以償。

・**扶住膝蓋的方法：**利用拇指和食指，輕快地扶住寶寶膝蓋的裡側。

以下是圖解要領：

◎握手的方法

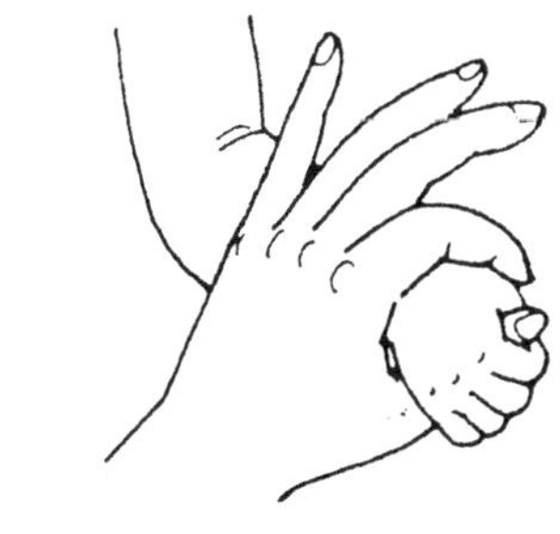

◎夾住腳踝的方法

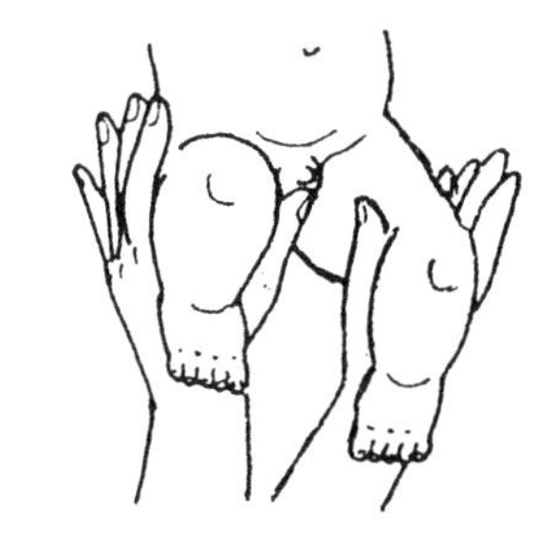

◎扶住膝蓋的方法

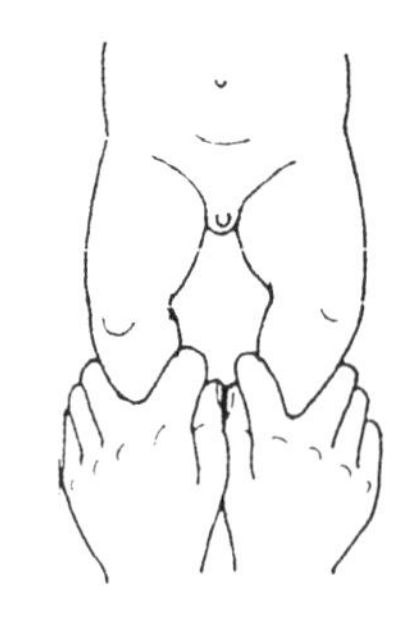

二個月左右：俯臥能抬起頭部的時期

【手臂的交叉①】

扶住寶寶的兩隻手，各做彎曲的動作開始。至於伸直動作，則須視寶寶的反射動作而定。

①

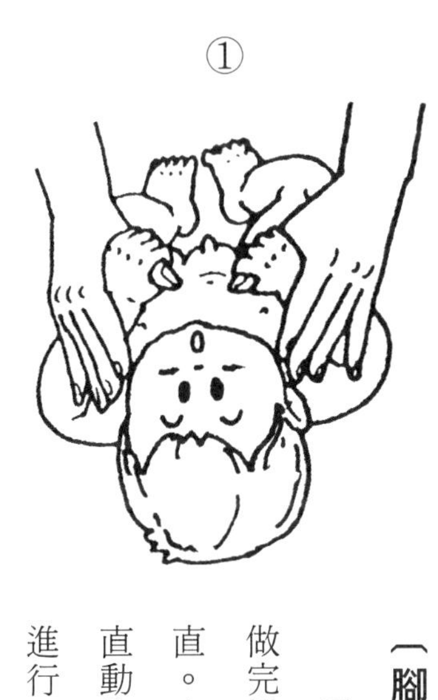

〔手臂的交叉②〕

這個動作的要領與①相同，兩手必須同時做彎曲的動作二～三次。至於伸直動作，則須由寶寶自己進行。務必讓寶寶自己做伸直動作，大人不能勉強寶寶，以免弄傷寶寶。

〔腳的交互彎曲①〕

用手指夾住寶寶的兩邊腳踝，逐一地做完彎曲動作後，再讓寶寶慢慢地自行伸直。大人只能幫助寶寶彎曲雙腿。至於伸直動作，就必須靠寶寶本身的反射作用來進行。

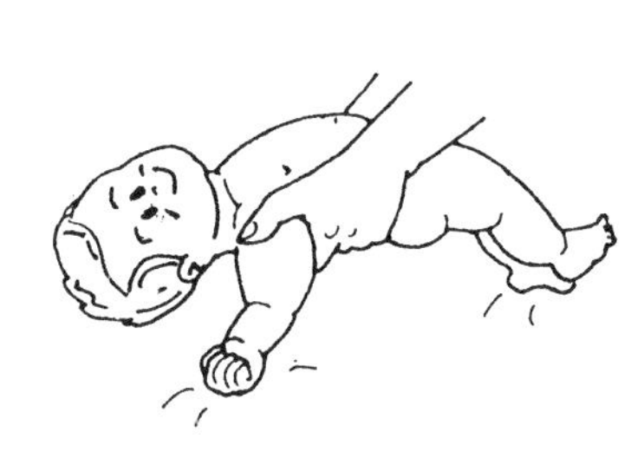

〔腳的交互彎曲②〕

根據①的要領，兩腳做彎曲動作。如果寶寶想要伸直雙腳，大人的手指絕對不能加以羈絆或妨礙。另外，夾住寶寶腳踝的手指，絕對不能過於用力。

〔仰臥彎曲運動〕

大人的兩手置於寶寶背後，輕輕地將寶寶抬起來，寶寶會自然地產生彎曲運動。剛開始時，必須利用坐墊在寶寶背後，連著坐墊一起抬起來。

【俯臥彎曲運動】

讓寶寶的頭朝下，再將他抬高。當大人的兩手置於寶寶的肚臍部位，輕輕地將寶寶抬起來時，他會有向下彎曲身體的運動；此時，可以讓寶寶的頭部仍然頂在床上。

三個月左右：抬高身體即可抬起頭部的時期

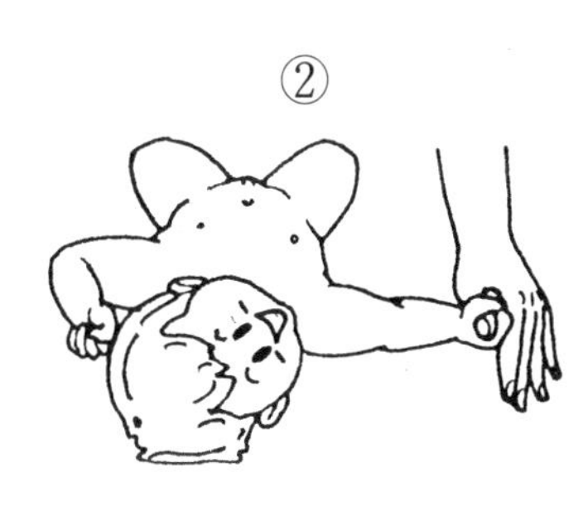

【展臂運動】

雙臂伸到身體側方，水平地上下交叉握住寶寶的一隻手，將他的手臂伸向正側方，恢復原狀時，必須利用「手臂交叉」的要領彎曲他的手臂。另一隻手也必須同樣地做幾次。當兩手做得很正確時，再讓他做兩手同時交叉運動。

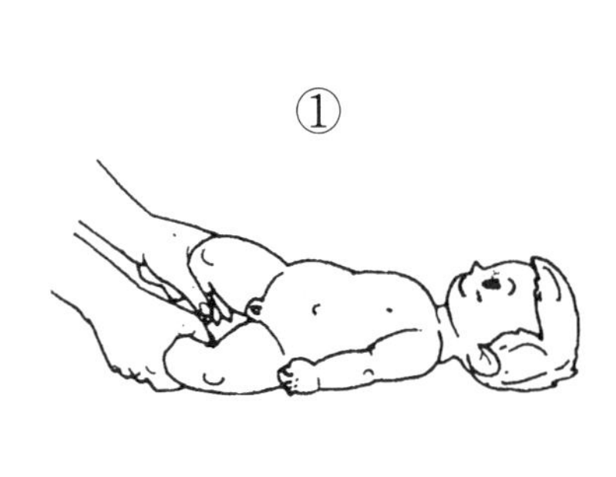

〔雙腿交互彎曲〕

雙手須扶在寶寶的膝蓋下方，每一隻腳各做幾次彎曲和伸直運動。彎曲寶寶的膝蓋時，必須稍微用力。至於伸直的動作，則須讓寶寶自己進行。

〔扭轉身體①〕

讓寶寶仰臥著，輕輕地握住他的兩腳，而後，將寶寶的右腳置於左腳上方，緩緩地扭轉他的身體。

四個月左右：頸部穩定的時期

②

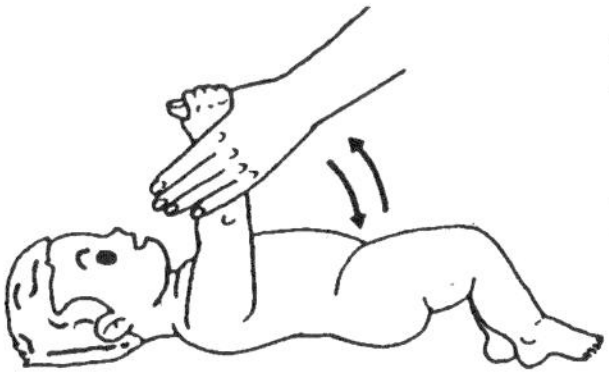

【扭轉身體②】

其次，將寶寶的右腳交叉在左腳上。自然地，寶寶的骨盆和脊椎下方都會爲之扭轉，再利用寶寶的自然反射作用恢復到原狀。

【手臂水平上下】

手臂向前，做水平上下運動。舉起寶寶的一隻手臂，向前做水平上下運動。剛開始時，必須左右手輪流做；等到寶寶習慣之後，就要兩手同時做。

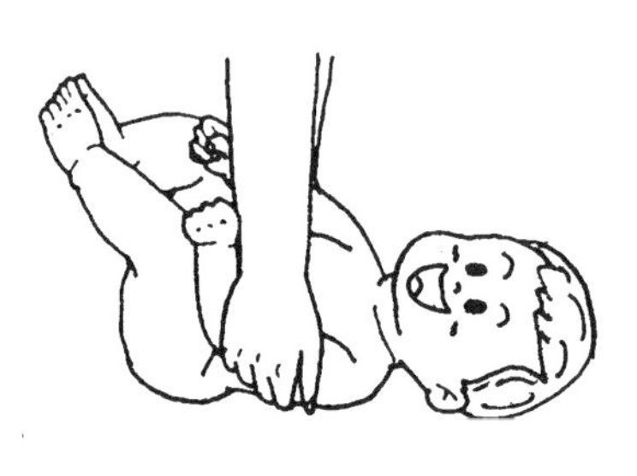

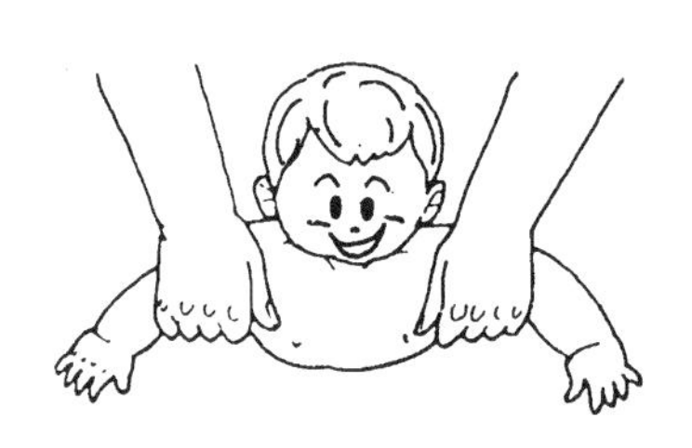

〔仰臥坐起運動〕

讓寶寶臉朝上，大人輕輕地抓住寶寶的手肘，將仰臥中的寶寶扶起來；此時必須令寶寶有「自己坐起來」的感覺，而大人只是輔助者而已。

〔抓住兩肩拉起來〕

讓寶寶俯臥在床上，大人再輕輕地抓住寶寶的兩肩。而後，大人的兩手稍微用力，讓寶寶的胸部慢慢地挺起。這時如果大人不是抓住寶寶的肩膀，而是他的手腕，則會弄痛寶寶。

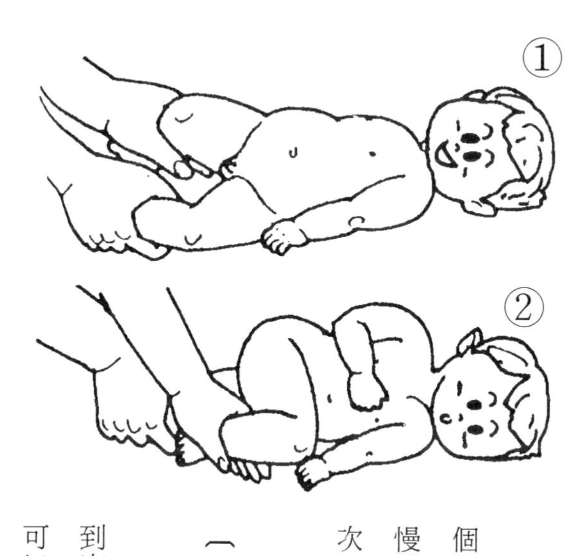

〔扭轉身體①〕

讓寶寶仰臥在床上，再抓住寶寶的兩個腳踝，使右腳交叉在左腳上，接著再慢慢地扭轉寶寶的身體。另一邊也同樣做一次。

〔扭轉身體②〕

前面所介紹的扭轉身體，一定要扭轉到寶寶的臉部朝向側面爲止。這種運動，可以使寶寶的骨盆、背骨以及肩膀，都同時受到扭轉與刺激。

六個月左右：能夠翻身的時候

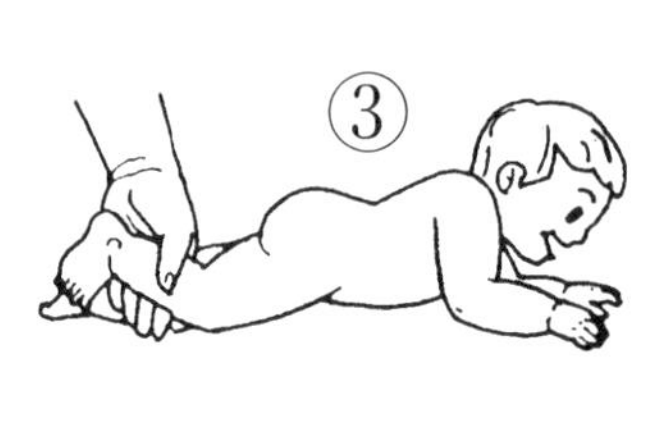

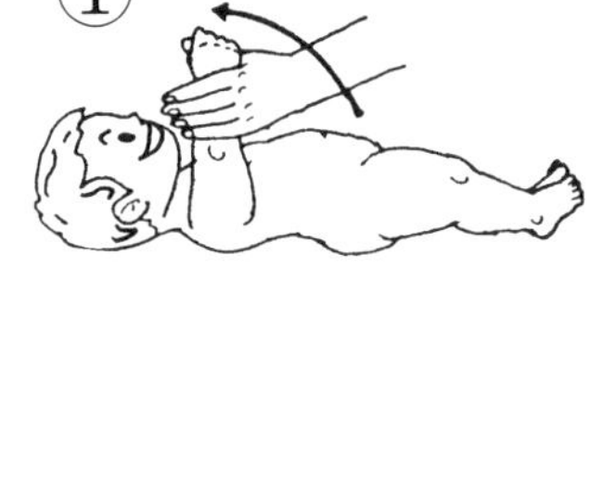

〔扭轉身體③〕

當寶寶的身體扭轉到爲肩膀所擋，無法繼續轉動時，就必須幫忙寶寶翻身。這個動作一定要配合寶寶腳部的動作，慢慢地等待寶寶自己翻身。

〔手臂畫圓運動①〕

輕輕地握住寶寶的手腕，將他的手臂從正前方向上舉高，舉到最高點時，再朝側面慢慢的橫放下來。

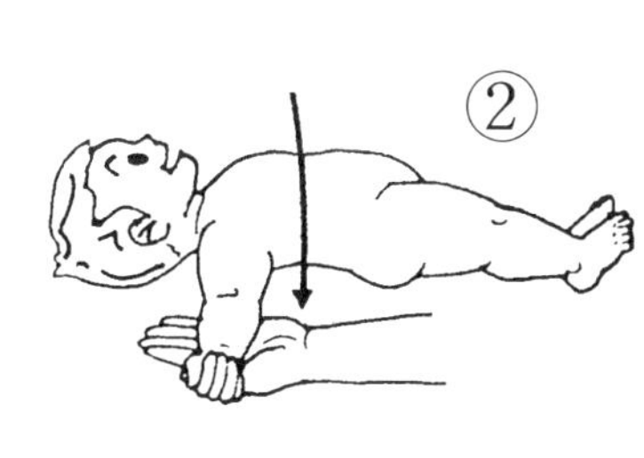

【手臂畫圓運動②】

這種運動與大人的呼吸運動一樣，只要讓寶寶做過數次之後，他就能做得非常完美。

【翻身】

訓練寶寶用自己的力量翻身。想要令寶寶能隨心所欲的左右翻身，大人必須搔弄寶寶的腹部，給予寶寶強烈的刺激。

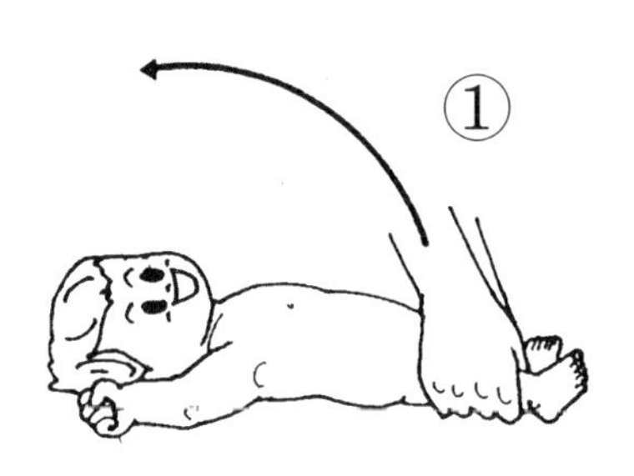

〔匍匐前進〕

找一個平滑的地方，讓寶寶做匍匐前進的動作。漸漸地，寶寶將學會利用四肢爬行的動作。

〔倒立①〕

將寶寶仰臥在床上後，再輕輕地握住寶寶的兩隻腳，將之慢慢地往上抬。另外，也可以讓寶寶俯臥，再將他的兩腳抬起來。

八個月左右：能夠扶著東西站立時

【倒立②】

將寶寶舉高到倒立的姿勢時，再將他慢慢的放下來。當寶寶習慣之後，就可以將寶寶舉高一些，或在半空中輕輕搖晃。

【吊在半空中①】

當寶寶仰臥在床上時，讓寶寶握住大人的拇指；而後，大人必須輕輕地扶住寶寶的手腕。

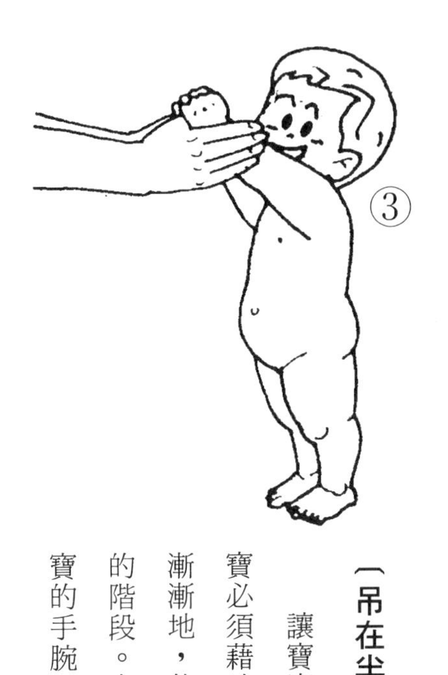

【吊在半空中②】

以引導的方式，讓寶寶將身體拉起來。此時寶寶會彎曲手肘，試著以自己的力量抬起上半身，大人不要過於幫助他，必須讓寶寶有「自己坐起來的感覺」。

【吊在半空中③】

讓寶寶慢慢地站起來。剛開始時，寶寶必須藉助大人的力量，才能站起身來。漸漸地，他會進步到自己抓住東西站起來的階段。在這個動作中，大人務必扶著寶寶的手腕。

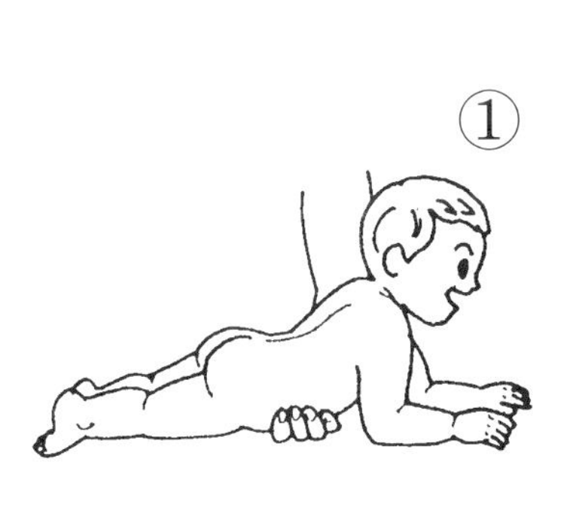

〔吊在半空中④〕

大人扶著寶寶的手腕，將寶寶舉起來，使他的身體懸在半空中，稍微搖晃，再將他慢慢的放下來。

〔向前爬行①〕

寶寶如果還不會自己向前爬行，大人就必須助他一臂之力。首先，大人必須將手放在寶寶的肚臍下方，幫他支撐住身體。

十個月左右：能抓住東西站立起來時

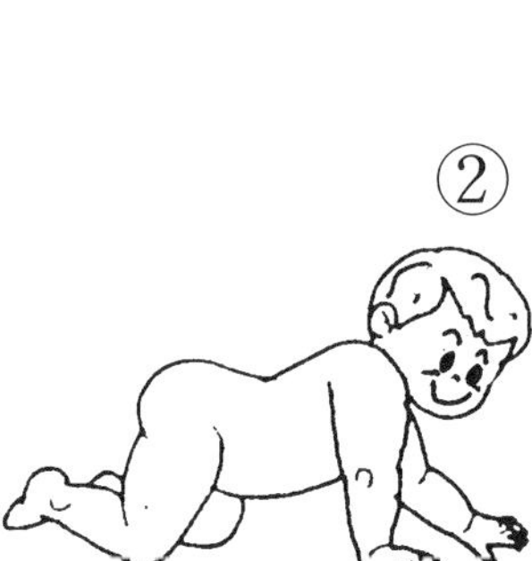

〔向前爬行2〕

一般的寶寶，最慢在十一個月大時，就能自由自在的爬行了；但是只要大人經常幫忙，鍛鍊他的四肢肌肉，即能提早學會向前爬行的技巧。

〔向高處猛踢〕

雙手扶著寶寶的腳底，當手放鬆時，寶寶會把膝蓋伸直。這個時候，大人們須扶住寶寶的腳底，慢慢地誘導寶寶用力踢手掌，並且不著痕跡的將目標提高。

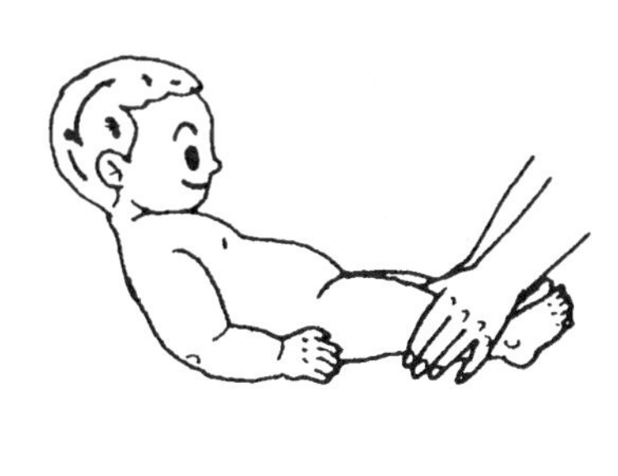

〔仰臥起坐〕

壓住寶寶的膝蓋，讓他靠自己的力量抬起上半身。這個運動，可以鍛鍊寶寶的腹部力量。

〔蹲站練習①〕

讓寶寶蹲在地上，大人握住寶寶的兩隻手，鼓勵寶寶慢慢地站起來。剛開始時，大人必須微微用力地將寶寶拉起來。

〔蹲站練習②〕

這是一種訓練寶寶自己站起來的準備動作運動。寶寶的膝蓋和腰部只要用力即可站起來，大人不需過於幫助寶寶，才能讓他享受自己站起來的成就感。

〔跳躍〕

讓寶寶站在父親的一隻手上，另一隻手則扶著寶寶的胸部，數完「1、2、3」後，就像飛機起飛一般地將寶寶交到母親手上。

和寶寶遊戲

△聽覺的感動

．○～三個月的寶寶

〔媽媽的聲音①〕

當寶寶已經會分別母親和他人的聲音時，只要聽到母親的聲音，寶寶就會感到安心。所以，當你在替寶寶換尿片、餵哺或洗澡時，可以一邊和寶寶說說話，例如：「寶寶好乖，媽媽幫你換乾淨的尿片

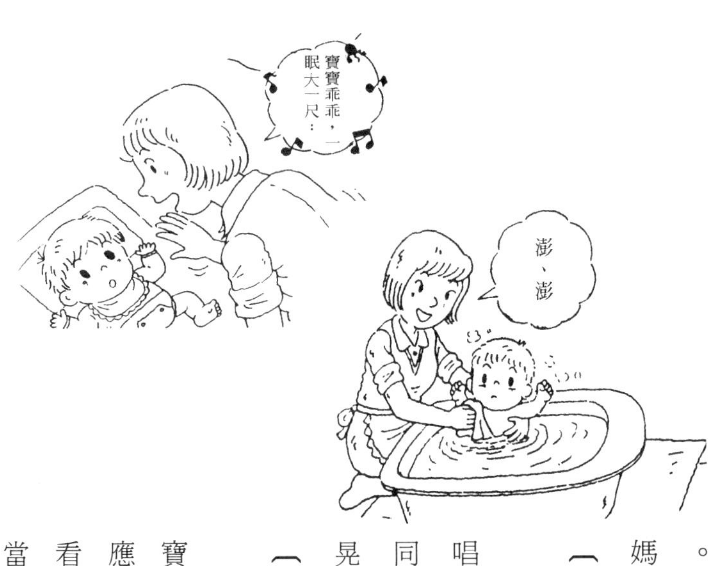

。」或「寶寶肚子餓了嗎？」或「來，媽媽幫你洗澎澎！」

〔媽媽的聲音②〕

在寶寶入睡前，媽媽可溫柔的低聲哼唱搖籃曲或童謠，有助於寶寶安然入夢；同時可輕拍寶寶的背，或擁著寶寶輕輕搖晃。

〔聲音何處來〕

在寶寶視線以外的地方輕喊他：「寶寶，媽媽在這裡！」如果寶寶沒什麼反應，再叫大聲一點。一旦他把頭轉向你，看到你了，就笑著把寶寶抱起來摟一摟，當作是一種鼓勵。

【美妙的音樂】

旋律優美、節奏輕快的音樂，會使寶寶不由自主的手舞足蹈；而柔和動聽的音樂，會使寶寶陶醉其中。

透過母子共同欣賞音樂的參與感，將有助於寶寶人格的健全發展。

•三～六個月的寶寶

【搖鈴&博浪鼓】

搖鈴和博浪鼓都是輕巧而容易把玩的玩具，而且會發出清脆的聲音，吸引寶寶的注意力，贏得寶寶的喜愛。此外，也可以藉由這類玩具，訓練寶寶抓緊與搖動的能力。

【模仿練習】

父母抱著寶寶，與寶寶面對面的交談，觀察寶寶會有何種反應。接著，父母必須模仿寶寶的聲音和語調，例如：「寶寶乖乖！」「寶寶好漂漂！」等，以激發他說話的意願。同時，透過寶寶對大人聲音的注意，他也會開始試著模仿大人的語言。

・六～九個月的寶寶

【敲敲打打】

當寶寶手部運動能力逐漸增強時，父母可以爲寶寶準備小鼓、木琴、鍋子、臉盆，或是不鏽鋼杯子的器具，讓寶寶盡情的敲打。

尤其是敲打木琴可以讓寶寶體會出音階的高低差別。

在不會發生危險的安全情況下，這種遊戲可促進寶寶的運動能力、注意力及節奏感。

•九～十二個月的寶寶

〔嗄嗄嗚啦啦〕

有時寶寶會一遍又一遍地發出連串的聲音。當他這麼唱著時，你不妨模仿他的聲音，清楚的重複傳給他，讓寶寶跟著學發音。

或許你將從寶寶那兒聽到「媽！」「爸！」「啦！」「噗！」等聲音，你可以把這些聲音在音調和頻率上做各種變化，唱成一段段有腔有調的小樂曲。如果寶寶能重複發出部分聲音，則表示他已經接近「記憶聲音」的階段。

△視覺的吸引

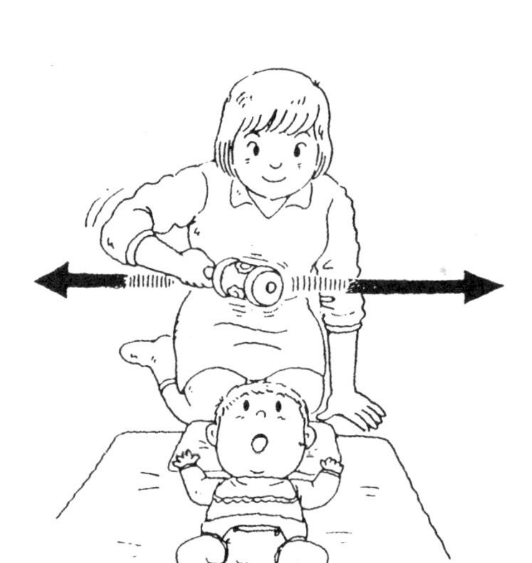

・〇～三個月的寶寶

〔色彩鮮豔的玩具〕

在距離寶寶二、三十公分左右之處，藉由色彩鮮豔、形狀明顯的玩具，輕輕在寶寶眼前晃動，吸引寶寶的注意。寶寶爲了配合移動不定的玩具，將調整自己眼睛的動作，同時，頭部的動作會愈加明顯。

・三～六個月的寶寶

〔不倒翁〕

搖頭晃腦的不倒翁常常會博得寶寶的喜愛，眼光也追隨著不倒翁移動。媽媽可自製不倒翁供寶寶玩耍，如果能設計成搖晃時會發出悅耳的聲音，則更能吸引寶寶，對寶寶智能的發展具有啓發的作用。

〔遮臉遊戲〕

父母可以出其不意地把自己的臉遮起來，高聲地對寶寶說：「媽媽不見了！」當寶寶陷入沉思狀態時，再把臉露出來，並說：「哇！又出現了！」

此外，你也可以抓住寶寶的手，把他的臉迅速遮掩起來，接著，再使寶寶的臉露出來。這樣忽而看見東西，忽而什麼都看不見，寶寶會覺得很有趣的。

反覆做遮臉遊戲，可啓發寶寶的記憶力和注意力，也可以增進彼此的感情。

•六～九個月的寶寶

〔紙箱城堡〕

把寶寶安頓在一個方便他用雙手、雙眼去探索四周事物的地方。例如把他放在地板上或大硬紙板箱裡，周圍墊著枕頭，讓寶寶能自然地靠著坐。這樣他抬起頭可以看到你，看看周圍的事物，低下頭時可以玩玩具，增廣寶寶探索的範圍。

〔照鏡子〕

放一面鏡子，讓寶寶看看自己。對他說：「這是誰？這是寶寶。」然後，指著寶寶的五官逐一教導他，「這是眼睛。這是鼻子。這是嘴巴。」幾次之後，他就可以由鏡中認識自己了。

•九～十二個月的寶寶

〔捉迷藏〕

媽咪可利用書桌、窗簾或門後，做爲藏身的地方，與寶寶一起玩捉迷藏遊戲。爲了培養寶寶的耐心，媽咪不必急於現身，可以多藏一會兒，數次之後，寶寶就能找得出媽咪來。

△觸覺的新鮮體驗

·○～三個月的寶寶

〔活動手指〕

剛出生一個月左右的寶寶，當媽咪把手指放在他的手掌心時，由於反射作用的緣故，必然會緊緊的握住媽咪的手指。

此時，媽咪可以輕輕地甩一甩手，寶寶的反射作用便會消失，而暫時鬆開手指。

隨著訓練次數的增加，寶寶便能憑自己的意識緊握住大人的手指了。

•三～六個月的寶寶

〔抓取活動〕

爲了培養寶寶用手拿東西的意願，媽咪必須試著在稍遠的地方將東西遞給寶寶，寶寶看見了多半會伸手抓取。

在媽咪不斷的鼓勵下，寶寶拿取東西的時間逐漸增長。只要他看見自己可以拿得到的東西，便會情不自禁的伸手抓取。

一旦寶寶養成了這種習慣之後，媽咪可以趁寶寶在地上爬時，給他一些不易抓穩或是會滾動的玩具，訓練他的抓物能力。

•六～九個月的寶寶

〔紙的遊戲〕

想要增進寶寶手部的運動能力，可以教導寶寶撕紙遊戲。將舊報紙、廣告傳

單或廢紙等，放在寶寶面前。媽咪可以先在紙張上撕個缺口，再讓寶寶撕。或母子兩人分別抓住紙張的兩端，一聲令下同時協力將紙拉破。久而久之，即可增進寶寶的手部運動能力。

•九～十二個月的寶寶

〔滾球遊戲〕

可以爲寶寶準備一個顏色鮮豔、體積恰當的小皮球，和寶寶對面席地而坐。距離不需太遠，媽咪先把球滾向寶寶，再要求寶寶將球滾回來。

△親子樂融融

・〇～三個月的寶寶

〔摟摟抱抱〕

當寶寶哭鬧時，正是他向媽咪撒嬌的表現。要安撫他則不妨抱起他、摟緊他，邊搖邊晃邊對他輕柔說話，在抱他之前拍拍他，給他較多的呵護，他便會逐漸放鬆身心。

‧三～六個月的寶寶

〔搖搖擺擺〕

當寶寶的脖子已經能夠挺直時，即可做擺動全身的遊戲。例如，爸爸可以將寶寶的身體舉高，並上下搖晃，而且讓寶寶從高於大人身高的地方向下俯視，增加寶寶的新鮮感及樂趣。

或讓寶寶坐在父母的膝蓋上，然後不斷地上下晃動膝蓋，讓寶寶猶如騎馬一般，從中感受到無窮的快樂。這種遊戲方法，對於寶寶的情緒，具有安定的效果。

‧六～九個月的寶寶

〔騎馬遊戲〕

讓寶寶坐在爸爸的背上，假想自己是在騎馬。當然爲了安全起見，媽媽最好在一旁護著寶寶。

這個時期的寶寶很喜歡與大人打成一片，如果爸媽能常如此陪著他玩，他會記得這些美好而愉快的經驗。

•九～十二個月的寶寶

〔看圖畫書〕

爲寶寶準備繪有動物、日用品、食物、人物的圖片或書籍，父母陪著寶寶一起看，並對寶寶說明物體的顏色、形狀、大小、用途等，配合寶寶有限的經驗和理解力，以深入淺出、活潑生動的方法對寶寶說明。

△玩具的選擇與安全

在過去物資缺乏的年代，吃飽飯都成問題了，多半的父母是不會捨得花錢在孩子的玩樂上的。話雖如此，憑著對孩子的愛心，還是會親手自製些簡單的玩意兒讓孩子高興的。

而現在的孩子就幸福多了。隨著社會經濟成長，生活素質的提高，家長們通常不會吝於爲孩子的玩具掏腰包。不過，現在的玩具儘管種類繁多，既刺激又新奇，但是玩具的安全性卻是值得家長注意的。畢竟唯有在品質安全的保障之下，才能維護兒童使用玩具的安全，以及發揮玩具設計的功能。因此，如何正確選擇玩具，也是身爲現代父母必須學習的課題之一。

·邊緣部分

注意玩具本身的造型、邊緣和尖端是否過於銳利，以免幼兒不慎刺傷或割傷。

·附加小物件

幼兒喜歡的玩偶、填充玩具，有時上面會附帶一些如扣子或娃娃的眼睛、鼻子之類的東西，要注意是否容易脫落。購買前不妨拉一拉，以免幼兒不慎吞食。

·填充物

注意玩偶內的填充物，是否有金屬或尖銳物在內，以免刺傷幼兒手指。

·繩子長度

注意玩具繩子的部分，長度不宜超過三十公分，以防止幼兒不小心纏繞頸部而導致窒息。

・電壓部分

騎乘玩具的電壓不可超過三十二伏特，並且要注意充電器是否與玩具分離，或直接用插頭來充電，而發生觸電的危險顧慮。使用電池的玩具，在裝置電池的部分，當蓋上蓋子時，要注意是否會夾手。

・材質方面

以自然的材質爲佳，例如木頭、棉布、羊毛，至於一些粗糙、容易斷裂與壓碎的質料則盡量避免。

・黏合部分

注意玩具的黏合處是否緊密牢固，以及是否容易扳開而夾手。

・油漆塗料部分

顏色鮮豔的玩具，容易含鉛、鎘等重金屬，應避免這類玩具，以免幼兒因舔咬或吞食脫落的塗料而中毒。

・ST安全玩具

按照國家安全標準的規定，經過各種必要儀器檢驗，沒有尖角、銳邊、毒性、易燃等方面的危險性，即可獲得「ST安全玩具」的標誌，再由廠商印製張貼在該種玩具上出售。

寶寶常患的疾病

腹瀉

替寶寶換尿片時，媽媽都會順便察看一下糞便是否正常。若是發現寶寶的糞便呈水狀，通常都會十分緊張，以爲寶寶出了什麼問題。

一般而言，餵食奶粉的寶寶，其糞便通常呈鬆軟狀而非水狀；有時寶寶的腸內分泌酸性太強時，就會有排綠便的現象。但用母乳哺餵的寶寶，在出生後的兩個月內，糞便幾乎都呈水狀；如果寶寶精神還不錯，應該不成問題。

不過爲了謹慎起見，腹瀉時，除了仔細觀察寶寶全身的狀態，同時也應該觀察排便的次數及情況。看看是否有顏色、臭味、血液及黏膜等。

如果除了腹瀉以外，沒有嘔吐也沒發燒，寶寶食欲正常且情緒好時，則是吃母乳的孩子常見的症狀，不必擔心。但若排便次數多，且排出多摻有黏液、白色、有惡臭的一粒粒水樣糞便時，很可能是急性乳兒下痢症或急性腸胃炎。此外，吃太多、胡亂攝食，以及對牛奶過敏的體質，也都是導致腹瀉的原因。

以往被認爲因夏天感染細菌機會多，容易消化不良，發生腹瀉。如今已證實冬天由於濾過性病毒的感染，更易發生腹瀉。在冬天腹瀉會有嘔吐的現象，又極易造成脫水的症狀，所以必須特別小心。

腹瀉的治療方法，因其嚴重程度而有所不同；若伴有發燒及嘔吐現象，一定要立刻就診。在飲食方面，寶寶應停止授乳一至二次。但在這段期間內，仍需要補充水分，應充分的餵白開水或麥茶。千萬不能給寶寶喝含有糖分的冷飲或果汁，以免產生反效果。

＊愛的叮嚀

當寶寶們上吐下瀉時，所應避免的食物——

・乳酪、蛋、酸性水果、乳酸飲料等，以免食物於胃中長時期發酵，誘發嘔吐。

・巧克力、甜食、碳酸飲料等等過於甜膩及刺激性的食品，會增加腸胃負

擔。

- 高脂肪、高鹽分的食物也應該避免。

當寶寶上吐下瀉時，可提供的食物——

- 稀蔬菜汁。
- 淡茶。
- 蘋果汁。
- 肉汁稀飯。
- 馬鈴薯泥。
- 蒸蛋。
- 去皮魚肉。
- 白開水。
- 少許麵包。

△嘔吐

原則上，寶寶吐奶是一種正常的生理反應，這是因爲他胃部的肌肉還很鬆弛，收縮機能尚未健全的關係。或者因爲寶寶在吃奶時，吸入了大量的空氣，爲了要把空氣排出體外，結果連吃下去的奶也一起吐出來了。

若寶寶出生兩個星期後，嘔吐的情形愈來愈嚴重，身體也日益消瘦，就該帶往醫院接受檢查和治療。

嘔吐的原因有很多。當寶寶嘔吐時，請注意表情、體溫及糞便的狀態，並觀察嘔吐物的內容。若有不明白之處應請教醫師，任意的判斷而餵以胃腸藥、灌腸等是很危險的事。

一般說來，有以下的症狀時，就必須馬上送醫急救：

- 發高燒，無精打彩。
- 有黃疸現象，精神恍惚。
- 出現黏便、血便。
- 吐出像胃液般的東西，神情痛苦。

而寶寶的嘔吐若經過檢查都沒有任何毛病時，那就很可能是由於神經質而導致的。這種由於神經質而引起的嘔吐，其原因可能是因爲寶寶曾爲了某件不愉快的事而嘔吐，於是以後只要想到那件事就會嘔吐；也可是潛意識中爲了逃避某些他不喜歡的事，而由身體反應出嘔吐的現象。如果是上述的情形，則應設法找出問題所在，徹底解決。

值得注意的是，寶寶在吐奶時，爲了避免穢物進入氣管而造成窒息，最好是使寶寶保持側臥。

△痙攣

寶寶一旦不如意，總會號咷大哭，若大人不以為意，任其聲嘶力竭的哭喊，寶寶哭著哭著就會突然停止呼吸，面呈紫色，身軀後仰，顫抖不已，當場會把父母嚇得手足失措。然而這大約為時十～二十秒，又開始呼吸，並逐漸恢復正常。此種抽筋的發作，純粹是一時的急攻心，所以不需過於擔心。

一般而言，痙攣可分為好幾種，大部分是由腦炎、髓膜炎，或癲癇症等腦部疾病所引起的。但這種情形並不是絕對的；有的時候，食物中毒、發高燒、中暑以及其他的疾病也可能引發痙攣。

雖然寶寶的痙攣現象，大都伴隨著高燒而來，但其中也有沒發燒而引起的病

例。因此，鎮定下來，仔細觀察痙攣的狀態是很重要的。

寶寶或一、二歲的幼兒在發高燒時，偶爾也會引起抽筋的現象，這種情形稱爲急性痙攣。當急性痙攣發作時，牙關會緊閉，全身發抖，完全失去了意識。應付這種急性痙攣最適當的措施是用冰枕來降低其熱度，並盡量保持安靜。

如果寶寶發燒，並且有卜列情形時，一定要火速送醫。

・痙攣持續十分鐘以上，臉色難看。

・身體彎曲成弓狀，手腳不斷地抽動。

・猛力敲打頭及身體後，身體緊繃，手腳顫抖。

如果寶寶每次生病發燒時都會抽筋，則必須到醫院去檢查，看看他是否患有潛伏癲癇症。世界衛生組織爲癲癇所下的定義爲：「癲癇乃先天或後天因素所引起的慢性腦部疾病，特徵在於因腦細胞的過度放電所引起的反覆性發作。」

癲癇有所謂的大發作和小發作。前者症狀明顯和劇烈，患者會呈現精神呆滯、全身突然僵硬，同時失去意識，手腳不停地顫抖，並發生全身性的痙攣；而後者若只是純粹失神發作，就只會有幾秒鐘的發呆現象，不至於發生智能上的障礙。

總之，寶寶常因細故發生抽筋或痙攣症狀，爲了小心起見，鎮靜的詳加勘明才是確保寶寶健康安全的做法。

△發燒

到底體溫到達幾度才算發燒呢？一般說來，成人的平均體溫是攝氏36度左右，但乳兒幼兒的體溫較高，通常在攝氏37.2或37.3度左右。因此，寶寶在超過37.5度時，一定是發燒了。

發燒的原因，幾乎都是由感染症引起的，其中以感冒導致的情形最常見；但有時麻疹或風疹等傳染性疾病也會引起發燒的現象。而且發燒的方式也會因疾病而異。

所以當寶寶發燒時，應該檢視他有沒有發疹的現象？咳嗽時耳朵是否會感到疼痛？因爲在大多數的情況下，發燒都是因他種疾病所引發的，故只要觀察發燒時所出現的症狀，就大致可推測出是哪類疾病了。

發燒若伴隨著咳嗽、流鼻水、打噴嚏而來時，可能是感冒、支氣管炎、痲疹的初期症狀。在發高燒時，請讓寶寶少穿一些，以便於散熱，並使其安靜躺下。

如果寶寶突然發燒，媽媽應以體溫計量出確實的體溫。首先擦乾寶寶腋窩上的汗水，再放進體溫計測定，否則汗水會阻礙確實的測出體溫。要是溫度很高，就須使用冰枕、退燒藥（退燒塞劑更好）等等；如果能進熱湯的話，最好給他喝點熱的食品，如此可以逼出汗水。而只要開始排汗，就會退燒。但若是燒得太厲害，就不可單憑熱湯來使寶寶退熱。

許多父母如果覺得寶寶好像發燒，就會用手在他的額頭上試一下熱度，若有發燒跡象，應及早送醫檢查。其實父母如果能用體溫計爲小孩量出正確的體溫，並記錄下來告知醫生，這樣對病情的幫助很大，對疾病的判斷是極爲有利的。

△發疹

發疹的種類很多，一般的症狀是皮膚發紅，而後形成一粒粒的紅斑點，但有時候也會產生水泡。若發疹時皮膚會發紅，則這種出疹大都具有傳染性，而傳染性的出疹則必然伴隨著發燒的現象。

有些發疹皮膚並不發紅，也不會形成紅斑點，但會生出許多小小的疣，例如水痘，具有很強的傳染性。

一旦發覺寶寶發疹，請先量出體溫，觀察出疹的程度，皮膚是否會發紅或者已形成猩紅熱？斑點是否會發癢？這些外表的症狀，都需要仔細地觀察和注意。

・麻疹

麻疹這種疾病，大多流行於初春到初夏這段期間，但有時，連秋天或冬天也有可能發生。但它有一個特性——感染過的人，都能終身免疫。

對六個月以內，尤其是尚未滿三個月的寶寶來說，幾乎沒有罹患麻疹的可能。但對於出生九～十五個月，且未曾接受過預防注射的寶寶來說，卻不得不深加注意。

麻疹在發疹時，首先出現症狀的是耳下，然後會慢慢擴展到臉部、頸部、胸部，然後遍及全身。這種逐步有次序地擴大發疹，也算是麻疹的特徵之一。

麻疹會經由咳嗽、打噴嚏及許多方式傳染給別人。但也不是一感染上立刻發疹，而是經過大約十天才會出現症狀。換句話說，麻疹的潛伏期是十一天左右。

在感染了麻疹時，有許多人常會因沒有注意防範或其他因素而引起肺炎或其他的併發症，而這些併發症所造成的結果又往往比麻疹要嚴重得多，所以在發疹期間，要特別注意防止併發症的發生。

有些寶寶有先天性心臟病或其他機能的障礙，這類小孩若感染上麻疹，病況

會急速惡化。有的時候，發疹的紅斑會突然退去，但這並不表示麻疹已經痊癒了，而是將發疹症狀轉爲「內攻」。這是發疹過程中最可怕的一種變化，最好能立刻求醫治療；因爲這種現象常會導致缺氧症或呼吸困難，是十分危險的。

・風疹

是一種類似麻疹的輕微疾病，所以又被稱之爲「三日麻疹」。但事實上，風疹和眞正的麻疹仍有不同，患過風疹的人對於麻疹是沒有免疫力的。由於症狀很輕，常被人誤認爲是感冒，同時又不會產生併發症，所以常被人所忽視。但若是孕婦在懷孕初期感染了風疹，很可能對胎兒造成不良的影響。

風疹是一種潛伏期相當長的疾病，它的潛伏期大約是三個星期左右，由於在這麼長的潛伏期中無法發覺症狀，因此傳染機會也隨之增大。

風疹的發疹現象，首先是出現在臉部，然後再逐漸擴展到全身，但卻不會像麻疹一樣，會同時出現咳嗽、流眼淚及其他症狀。特徵是會引起淋巴腺腫大，情況嚴重時，甚至耳後或頸部的淋巴結也會紅腫疼痛，這種現象大約要持續兩、三個星期左右才消失。

．濕疹

濕疹是一種會使皮膚紅腫的疾病，大多發生在嬰兒身上。大部分新生兒若感染濕疹，都會在滿週歲時自然痊癒，否則就可能是由於遺傳因素所引起，這時就必須長期治療才行。濕疹症狀嚴重時，手肘和膝蓋的皮膚會顯得很乾而粗糙，因此必須耐心地治療。

因為濕疹會使人感覺很癢，所以寶寶常會用摩擦的方式來止癢，或是用手指去抓癢，這樣往往會使濕疹的症狀急速惡化。因此，最好能給患者戴上手套，以防止指甲抓破皮膚，而引起發炎。

如果寶寶在夜裡因濕疹奇癢無比而睡不著時，該如何處理呢？

- 拿冷涼的棉質內衣給寶寶換上。
- 稍微開啟窗戶，以使室內空氣流通。
- 塗止癢軟膏時，須注意不可摩擦皮膚，應用點的。且不可全身遍抹。

感冒

「哈啾！」寶寶連打了幾個噴嚏，父母不禁都會擔心，「是不是感冒了？」

一般而言，寶寶的感冒多半是由於患有感冒的家人所傳染的。成人們因本身抵抗力強，感染了感冒倒也還好，一旦傳染給寶寶，則會出現發燒、下痢等嚴重的症狀，對寶寶的健康造成很大的威脅。

大部分的感冒都是由濾過性病毒所引起的。在感冒中最爲嚴重的是流行性感冒，患者會產生發燒、頭痛、腰痛、全身無力、嗜睡等症狀，嚴重的患者甚至會有嘔吐、下痢之現象，有時還會引起肺炎等併發症。

因此預防感冒是很必要的，尤其是抵抗力弱的寶寶，對於感冒這種普遍的傳染病，要特別加以注意。而防範的方法除了避免和感冒患者接近以外，家人也需盡量預防感冒；這樣雙管齊下才是最好的辦法。

感冒是一種極爲普遍的疾病，但可怕的是，有爲數不少的惡疾起初也以感冒的姿態出現，往往使家長掉以輕心，做出錯誤的判斷。而易被誤以爲是感冒的疾病，諸如——

・發疹型

常見於一歲左右的寶寶，發燒或下痢後，突發紅、細小疹，二至三日後即痊癒，症狀輕微。

・支氣管型

以咳嗽、發燒爲主。如果依照上呼吸道感染↓氣管炎↓支氣管炎↓肺炎之次第進行的話，不堪設想。

·胃腸型

噁心、欲嘔、發燒、下痢、便祕、腹痛等任兩種以上之症狀。一歲左右的寶寶在冬日易罹患此型感冒，可見血便或消化不良，可能引起腸套疊或自家中毒症。

·鼻咽頭結膜型

鼻塞、流鼻水、打噴嚏、眼常帶淚、眼屎、喉頭發炎而導致發燒，病症多輕微。

△便祕

一般說來，寶寶大便的次數在生下來兩個月以內是每日三、四次，兩個月以後就變成每日一、二次。通常吃母乳的寶寶大便是不會太硬的，如果發現寶寶的糞便太硬或是數日未排便，父母就該警覺到這是一種異常現象。

但即使是寶寶，也不一定天天都排便。要是寶寶排便時樣子不是很辛苦，即使二、三天排便一次，也不用過於擔心，只要身體健康，體重也跟著增加就沒什麼問題。值得注意的是，寶寶如果排便時使勁嗯嗯出聲、排出一粒粒硬巴巴的糞便、肚子脹脹的、沒有食欲又不高興等症狀時，可能就是便祕了。

當寶寶發生便祕現象，有的媽媽們會認爲，因爲孩子的糞便太硬，所以給他

吃較稀薄的奶水，其實這個觀念是錯誤的。因爲如果奶水太少或太稀時，其養分完全被身體所吸收，大便反而不易排出，更容易造成身體障礙。

寶寶一旦發生便祕現象而排便困難時，媽媽可以給予適當的刺激，協助寶寶排便。首先，以沾上嬰兒油或橄欖油的棉花棒刺激肛門；或是以順時鐘方向，按摩寶寶的腹部。還可以給寶寶喝西瓜、草莓、柑橘或桃子等果汁，使腸內的內容物發酵而放屁，以利於糞便的排出。

有人以爲給寶寶多喝水就能夠通便，實則不然，水分只會變成尿排出來，並不能通便，所以還是喝果汁較有幫助。

△眼睛的疾病

孩童的視力在五、六歲左右發育完成，而之前的情況則如下——

・**新生兒：**僅止於分辨明暗的程度。

・**三個月大的寶寶：**視力為〇・〇一～〇・〇二。

・**六個月大的寶寶：**視力為〇・〇四～〇・〇八。

・**一歲的寶寶：**〇・二～〇・三。

・**二歲的寶寶：**〇・五～〇・六。

一般說來，部分六個月內的寶寶會有「假性斜視」的情形，也就是眼珠向內集中；這是一種暫時性的生理症狀，只要寶寶逐漸長大後，自然會恢復正常。

不過，若寶寶在出生一年後才發生斜視，則不屬於先天性斜視，最好及早發現，及早給予適當的治療。除了遺傳之外，由於發高燒、頭部受到外傷，或某些事故使寶寶心理上發生嚴重障礙，也會影響到眼部中樞而造成斜視。

此外，結膜炎也是寶寶容易罹患的眼部疾病，由於傳染力很強，所以在處理前後，要用肥皂把手洗乾淨。其症狀為眼睛出血、長眼屎。如果延誤治療，感染了化膿菌，也可能會造成失明。

如果寶寶有下列症狀時，請詢問醫生——

(1)寶寶出生後三～四星期間

・眼珠黑色部分，左右大小不一致。

・眼睛呈白色，或是看似發光。

(2)三～四個月的寶寶

- 強光照射也不眨眼睛。
- 經常流眼淚、長眼屎。

(3)六個月～一歲的寶寶

- 異常的討厭光
- 眼睛看起來泛白或發亮。
- 斜視。

△耳朵的疾病

寶寶的抵抗力較弱，一年裡總會多次感染感冒或其他疾病，然後藉由感冒而引起中耳炎。

患急性中耳炎時，會發高燒，耳朵內會感到劇烈疼痛，耳根後側有紅腫的現象。如果發炎的症狀厲害時，中耳的內部甚至會化膿，而使鼓膜裂開一個小孔，膿由此流向外耳道。不過這是十分嚴重的，一般尚不至於此，但患者仍會感到耳朵劇烈疼痛，也會發生輕微疾病。若欲減少痛苦，可在患部用冷毛巾敷蓋。但治本之道，還是得前往耳鼻喉科醫治。

關於寶寶在耳朵的疾病，聽覺方面的健康與否最令人擔憂。因此家長從新生兒開始，就要多觀察寶寶對聲音的反應，例如：

(1)新生兒

- 會被突來的聲音嚇到而閉上眼睛。
- 睡眠中若有很大的聲響，會睜眼。

(2)一個月大的寶寶

- 會被突來的聲音嚇到，並伸出手腳。
- 睡眠時被巨響吵醒會大哭。

(3)二個月大的寶寶

- 睡眠中如果聽到很大的聲響會醒來。
- 和他說話時他會有反應。

(4)三個月大的寶寶

- 會注意到電視或收音機的聲音。

‧聽到悅耳的聲音如笑聲、音樂、溫柔的聲音會很高興，聽到噪音或憤怒聲會不安而哭泣。

(5)四個月大的寶寶

‧對身邊的各種聲音都很關心。

‧母親叫名字時會有反應。

(6)五個月大的寶寶

‧分辨得出爸爸媽媽的聲音。

‧對於突來的大聲響，會握緊雙拳、放聲大哭。

(7)六、七個月大的寶寶

‧旁人跟他說話可獲得回應。

(8)八、九個月大的寶寶

‧與他玩聲音遊戲、唱歌，都會令他開心。

(9)十、十一個月大的寶寶

・會模仿說出一些簡單的單音節語音，或叫「ㄇㄚㄇㄚ」。

如果寶寶在每個階段沒有應有的反應時，則有重聽的可能性，應及早發現及早治療。畢竟重聽有輕微與嚴重等程度上的不同，盡快接受診治或訓練，復原的效果自然好得多。

寶寶意外急救

△急救處理原則

突如其來的意外傷害，常令人一時不知所措，愣在現場，不曉得該怎麼辦才好？就算本身略懂急救常識，也會因緊張得手腳發軟而無法發揮。

爲了在意外傷害發生時，能在送醫前爭取時間，暫時穩住傷勢，讓不幸減至最輕，父母應訓練自己以下的態度——

- 保持鎮定，不要驚慌。
- 動作迅速的施予簡易急救措施。
- 避免過於驚嚇而使意外更加擴大。
- 安撫害怕受傷的兒童。
- 以急救和求救爲先，暫停責難兒童。

最好家中要備有急救藥箱，以備不時之需，一旦兒童或家人受了點輕傷，則可自行處理；若是受傷程度較重者，也可先利用急救箱中的物品，預先做好急救處理，然後盡速送醫治療。

那麼家庭用的急救箱應該準備些什麼呢？

．器具類

溫度計

剪刀

冰枕

棉花（棒）

繃帶

OK繃

膠帶

紗布

鑷子

・藥品類

雙氧水

紅藥水

紫藥水

優碘

軟膏

小護士

萬金油

綠油精

值得注意的是，急救箱裡的藥品，要注意使用的有效期限，急救箱內也應保持清潔和乾燥。此外，在使用器具時，如紗布、棉花等，應該先清洗雙手，而且手部不要直接碰觸傷口。

△燙傷

兒童所發生的意外傷害中，燙傷是較爲嚴重的一項，而且很多案例都是因爲家人的疏忽導致。往往因爲一時的不愼，卻必須付出相當大的代價，實在太不值得了。最上策自然是加強注意與防範，其次若不幸已發生了，該知道如何做適當的處理。

燙傷是由於熱水、高溫引起的皮膚損傷，會有紅腫、水泡和脫皮等現象，傷口處也很容易感染細菌。以下是燙傷急救的五個要項。

・沖

萬一孩子被燙傷時，必須立刻用流動的冷水沖洗燙傷處，降低灼熱溫度。

・脫

如果燙傷部位仍穿著衣服或襪子時，在水中小心的脫掉或剪開覆蓋在燙傷處的衣物。

．泡

在冷水中持續浸泡三十分鐘。

．蓋

用乾淨的紗布覆蓋在傷處。

．送

立即送醫診治。

受到燙傷時，如果只是局部紅腫而疼痛的現象，稱爲第一度燙傷；若燙傷的局部不但紅腫疼痛，而且會起水泡或發生局部潰爛的現象時，爲第二度燙傷；如果燙傷後局部的皮膚會變白或因溫度過高而變黑，連皮膚深部的組織都完全被破壞時，就屬於第三度燙傷了。

燙傷輕者難免皮肉之苦，重者則可能留下疤痕、毀損皮膚，甚至造成肢體或器官方面的殘障，不可不愼！但現在家庭中，父母大多非常忙碌，無法全心照顧子女；而由於小孩子的好奇心都很強烈，又不懂得危險性，看到新奇的東西，都會想動手去觸摸，結果意外就這麼發生了。例如，打翻熱湯、熱開水，直接觸碰高溫的熨斗，玩火柴、打火機、瓦斯爐，甚至是過熱的洗澡水，都可能使孩子遭到燙傷。

要如何預防燙傷的發生，下面列舉一些情形給爲人父母者做爲參考。

- 爲兒童放洗澡水時，一定要先放冷水，再加熱水。
- 熱湯、熱開水或沸騰的油要放置妥當，不要讓孩子碰撞到。
- 教導孩子不要碰電插座、電插頭，也不要在有水的地方使用電器設備。
- 不要讓孩子玩火、玩火柴和打火機。
- 教導兒童飲用菜湯、開水或接觸某些物品時應先吹氣，或以手指輕觸容器，試一試溫度再用。
- 不要讓孩子單獨留在廚房。

△窒息

大部分的人都有被異物梗在咽喉的經驗，尤其以發生在幼兒時期的機率最高。幼兒時期的孩子常會把口中糖果、口香糖、豆類，甚至是手邊玩的小玩具、釦子、錢幣，甚至是小瓶蓋呑下去，塞住了呼吸道，因而發生呼吸困難的現象，並且無法發出聲音來，接著就會窒息。

萬一兒童因爲呑食異物而發生梗塞窒息的現象，往往會出現一些明顯的反應。例如咳得很厲害、不斷的哭泣掙扎、呼吸不順和臉部充血發紫。

這時父母應盡力安撫兒童，避免情形惡化。然後張開兒童嘴巴，以便檢視異物的位置，再決定處理方法。若異物是可以看見或觸及的，可設法夾出來。

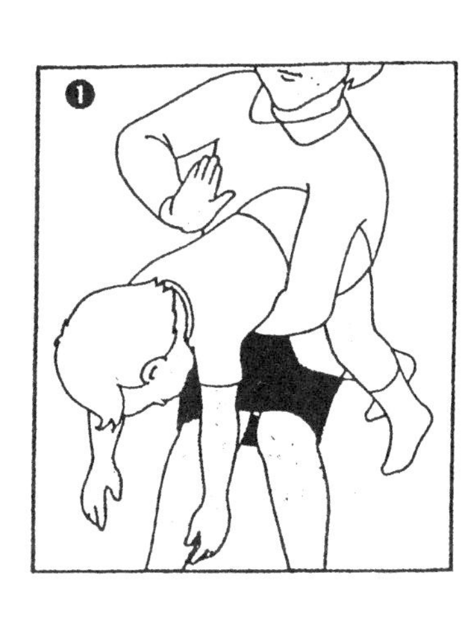

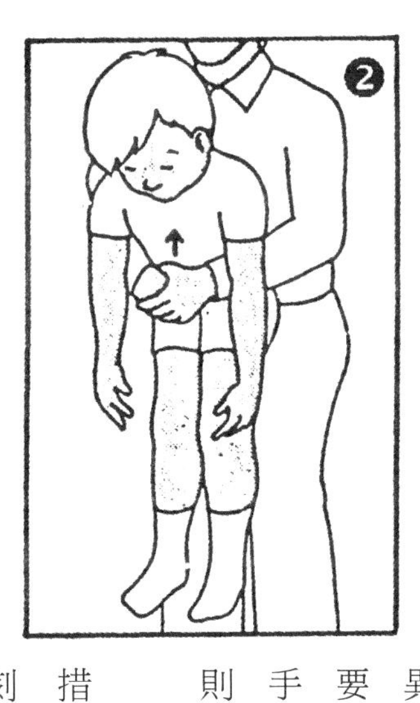

如果孩子發生吸氣性呼吸困難時，最好立刻抓住他的雙腳，把孩子倒提起來；或讓孩子俯臥在大人的雙腿上，面部朝下，頭部放低於身體，然後在兩肩胛之間用力拍打幾下。或從背後抱住小孩，並用兩手盡力的壓擠肚臍上方；用力由下而上推挪，一壓一放，視情形反覆數次，直到異物吐出來爲止。特別要注意的是，成人要用手肘以下的腕力和拳頭力量，不能用手臂力量壓迫兒童胸部的正面或側面，否則會傷到兒童。

上述的方法都只是屬於家庭中的急救措施，如果施行後仍未奏效的話，即須立刻送醫，否則有生命的危險。

異物除了會梗在咽喉，也有可能進入耳、鼻，這時候該怎麼辦呢？

• 若是小昆蟲爬進耳朵，可以燈火或手電筒拿到耳邊，使燈光照進耳孔，則小昆蟲自會循光而出。

• 若耳朵進水，則暫時將進水一側的耳朵朝下，並拿棉花棒來擦拭。

• 異物塞住鼻孔時，就用手按著未被塞住的另一側鼻孔，然後用力噴出一口氣來，即可將異物噴出鼻孔了。

△外傷

孩子整天活蹦亂跳，無論在家中或在外遊戲，發生外傷的機會都相當大。遇到這類的意外事故，止血與消毒是第一要務。依外傷情況的差異，有下列幾種不同的處理方式——

・刀傷

皮膚受到尖銳而硬的東西，如刀刃、玻璃片、貝殼等，切開劃破皮膚都可稱之爲刀傷。雖然會引起大量出血，但傷口通常都相當整齊。

如果傷口不大，可以用消毒水清洗傷口，再用紗布包紮。如果傷口較大而且出血過多，就必須先採壓迫止血法，然後再用消毒藥水把傷口附近徹底消毒，並

墊一塊乾淨的紗布，最後用繃帶把傷口包紮起來或用膠帶把紗布固定好即可。一旦傷口可能深及血管、神經或肌肉腱等身體組織時，最好立即送醫急救。

・擦傷

孩子由於仍在學步階段，跌跌撞撞是在所難免的，因跌倒了擦傷可以說是家常便飯，若以此比喻為他小小人生中的小小挫折也不為過。

擦傷發生時，由於常會有沙土侵入傷口內，所以必須先以乾淨的水清洗傷口，把水擦乾再用雙氧水消毒一下；消毒之後，可在傷口擦些紅藥水並墊塊乾淨的紗布，最後再用繃帶包好傷口，以防細菌的侵入。

但若是擦傷的傷口附近紅腫疼痛，且有發燒的現象時，就表示傷口已經受到細菌的感染而發炎或化膿，最好到醫院請醫生處理，以免症狀更為惡化。

・刺傷

一些危險物品，如釘子、竹片、魚鉤等，若隨意棄置，最容易遭殃的就是兒童了。

通常刺傷的處理和治療方法要比其他外傷更爲麻煩，因爲發生刺傷時，雖不致引起大量出血，但傷口大都會被刺得相當深。

一般的小刺，如木屑渣之類，最好利用夾子夾住刺的末端拔出來。一拔出刺後，傷口處的血液會立刻冒出，細菌也會隨之流出。

還有一些其他的狀況，例如被舊鐵釘刺到時，須提防化膿、感染破傷風菌；被玻璃碎片刺傷，取不出來時，都必須送到醫院處理。

·咬傷

小孩與動物是攝影師最愛攝取的畫面之一。然而天眞的兒童往往和動物親近之際，不懂得注意自身安全，有時激怒了家中的貓、狗，就會被咬上一口。一旦被狗咬傷時，須先用清水洗淨傷口，再予以消毒，然後趕快到附近的醫院或衛生所去注射狂犬病預防針。被貓抓傷時，也一樣要先用水洗淨傷口，然後消毒。

除此之外，最常見的應該屬於蚊蟲咬傷了，這時就要拿出家中備用的軟膏，塗抹在皮膚表層即可。

△骨折

親子手牽著手散步，是十分溫馨的。但一旦父母忘了放小步伐、放慢腳步，孩子很容易就跌倒了；此時小手還緊緊的握在大人的手掌心中，這麼一來便很容易使孩子肘部的撓骨周圍韌帶受到扭傷，只能無力的下垂，形成肘關節脫臼。若不盡快請專科醫師診治，很可能會變成習慣性的脫臼，那就麻煩了。

一般說來，孩子發生脫臼的情況也不算太多。因爲小孩子的骨骼比較脆弱，所以受到外力衝擊時，骨折的發生率相對之下就大得多了。

當孩子發生骨折現象時，骨折部分會引起內出血的症狀，因此會突然紅腫起來，並覺得疼痛異常，無法移動。

骨折的現象可分三種：

(1)皮下完全骨折

手腳部分的骨骼完全折斷而變形。

(2)皮下不完全骨折

骨骼發生裂痕。

(3)開放性（複雜性）骨折

骨骼完全折斷而凸出於皮膚表面，由表面創傷可以明顯地看出骨折的情形。

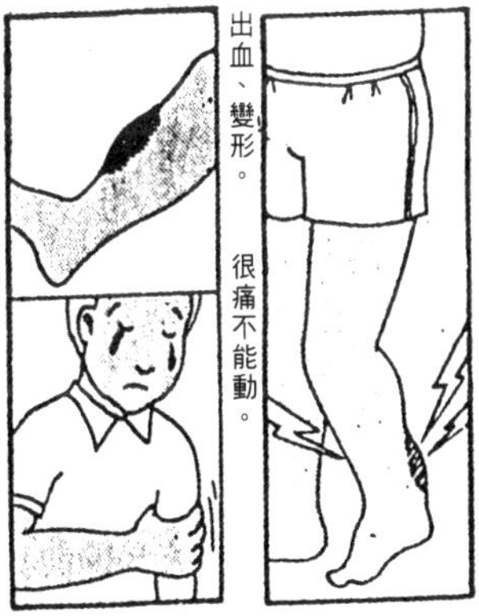

腱或肌肉腫起來的話，就是關節挫傷的徵兆。因為跟腱挫傷時，會發生很大的聲音，所以易於識別。

出血、變形。很痛不能動。

孩子如果發生骨折的意外傷害，首先看看是否有外傷，然後趕快設法止血；其次是切忌隨意亂動，尤其是骨骼折斷的部分。倘若是四肢或軀幹骨折，則要用木板或木棍之類綁好固定，然後盡快送醫。

△撞擊

小孩常會因重心不穩而摔倒碰傷頭部，有時僅是輕微的撞傷，有時則可能引起腦部的障礙。頭部受傷程度的輕重，依各種情況的不同而異，重者如從高處跌下或遭遇車禍頭部受傷，後果令人不敢想像。

孩子發生撞傷時，如果只有出現紅腫的情形，可以將傷部放低，再用冷敷鎮痛；經過數日，應可完全復原。一般說來，頭部受到撞擊的兒童還能放聲大哭不已，問題就不至於太嚴重。但傷口如果裂開或大量出血時，就必須立即請求外科醫師進行縫合手術或止血治療。如果是出血骨折，就要先抬高出血部位緊壓傷口止血，並且給予包紮。至於骨折部位，要以木板或木棍固定，盡量不要移動，處理之後立即送醫。

一旦頭部遭受猛烈打擊的孩子大哭一會兒就停止哭泣，接著臉色逐漸變得蒼白，同時慢慢地失去元氣，並有嘔吐、痙攣的現象，且意識昏迷，則可能已發生了腦溢血，必須盡快地把孩子送到醫院急救，以免發生危險。

值得注意的是，在將孩子送去醫院前，家人應先了解撞擊的程度和被何物所傷害，並詳細觀察孩子的症狀，在送診時，得以向醫師詳細說清楚。

△觸電

由於社會的富裕，家家戶戶幾乎都有現代化的設備，電器用品之多，更是不在話下。原本是現代人便利的好幫手，但在兒童好奇的眼中，卻成了一件件有趣的玩意兒，忍不住要去摸一摸、試一試，很容易在居家環境中發生觸電的意外。

當意外發生，一定要鎮靜的切斷電源，再進行急救措施。因爲切斷總電源後，才不致加重傷者的電擊程度或波及他人。

如果無法切斷電源，則應用乾報紙、乾毛毯等物，將小孩包起來拖離現場，以免搭救者也遭到觸電的危險。

一般而言，若觸電的孩子有嘔吐、停止呼吸、脈搏微弱的現象，則必須趕快進行人工呼吸和心臟按摩，並迅速叫救護車將患者送往醫院。

△中毒

孩子總是喜歡把東西放進嘴裡。在家庭中有許多物品在不當使用或誤食時，很可能發生中毒。例如藥品、洗潔劑、殺蟲劑、化妝品、沐浴乳、洗髮精、膠水、汽油、農藥等。

如果孩子吞下的異物是含有劇毒的藥劑時，情況就非常危險了。在送醫之前，應了解孩子到底吃了什麼？吃了多少？吃了多久？並且最好先做些急救措施。以下提供一些簡單的處理常識，做爲緊急情況的應變措施，之後再盡速送醫。

・藥物中毒

應利用催吐方法，讓藥物吐出。若是中毒太深而導致呼吸紊亂或停止，先要施行人工呼吸，然後送醫治療。

・農藥、殺蟲劑中毒

也是以催吐爲第一優先，然後喝溫開水或牛奶；但不可喝濃茶、咖啡或油類的流質。送醫前最好能查清誤食何種農藥或殺蟲劑，以便供醫師參考。

・強酸、強鹼中毒

不可進行催吐，以免食道灼傷。應先喝濃牛奶或吃生蛋白，但不可以用水沖洗，避免產生化學變化。然後盡快送醫。

除了上述中毒情形之外，由於幼兒的抵抗力較弱，加上對食物毫無判斷能力，因此細菌性的食物中毒也是十分常見的。

當幼兒發燒且合併不明原因的腸胃症狀，或嚴重嘔吐、腹部絞痛及腹瀉，或因嘔吐腹瀉出現脫水休克時，則應即刻前往急診室求診。要是幼兒只有輕微嘔吐、腹瀉及腹痛，也最好至門診求診。

每年四到十月是食物中毒的好發季節，與氣候炎熱、食物的處理及保存易受污染有關，常見食物中毒的致病菌及其症狀如下：

・腸炎弧菌

潛伏期：1～48小時。

發病期：2小時～10天。

症狀：嚴重水瀉、腹部絞痛、噁心、嘔吐、發燒、畏寒。

・金黃色葡萄球菌

潛伏期：1～6小時。

發病期：6～8小時。

症狀：嚴重嘔吐、腹痛、腹瀉。

・仙人掌桿菌（嘔吐型、腹瀉型）

潛伏期：1～6小時、6～12小時。

發病期：8～24小時、20～36小時。

症狀：嘔吐腹痛。

腹瀉、腹痛，有時會嘔吐。

·沙門氏菌

潛伏期：12～18小時。

發病期：3～5天。

症狀：腹瀉腹痛、發燒畏寒、噁心嘔吐。

爲了避免幼兒發生食物中毒的情形，在食物的處理及貯藏方面的衛生和保存期限，一定要多加注意。

△鼻血

小孩大都喜歡用手去挖鼻孔。尤其在乾燥的冬天，很容易產生鼻垢，當孩子用手指去挖鼻孔時，一不小心就會導致流鼻血了。另外，擤鼻涕過於用力，或不小心撞到鼻粱時，也很容易造成流鼻血的現象。

遇到幼兒流鼻血時，先讓他安靜的坐著，頭部微微前傾，然後用口呼吸，用手或棉花、衛生紙壓著鼻翼一段時間，血就可以止住。此外，也可用冰袋或冰枕以及冰毛巾等，放在幼兒的額頭上或眉間以及鼻粱上，以制止流鼻血。

值得注意的是，在流鼻血時應避免仰臥，更不可以將頭向後仰，以免血液流入喉嚨。

對於時常流鼻血，容易吞進鼻血、想吐、胸部不舒服的幼兒，就應該帶去看醫生，好好檢查。如果因爲身體其他部位受傷，或鼻骨斷裂、鼻部發生腫瘍或炎症時，而導致流鼻血的情況時，最好帶幼兒到外科或耳鼻喉科去接受專門醫師的詳細診斷，並施以適當的治療。

附錄

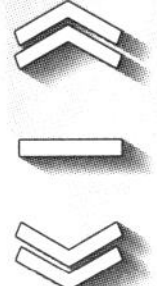
《一》

△一年之中的健康檢查要點

定期健康檢查是讓寶寶健康快樂成長的基石，一歲以下理想的健康檢查應有六次，分別是——

- ・滿月
- ・二至三個月
- ・四至五個月
- ・六至七個月
- ・九至十個月
- ・一歲

其中全民健保只給付四次，且每次須間隔二至三個月。如果是設籍台北市的寶寶，持三歲以下兒童醫療補助證到特約醫院做健檢，連掛號費都不需給付。

那麼寶寶健康檢查的項目包括哪些呢？

- 體重、身長、胸圍
- 皮膚
- 眼睛
- 耳朵
- 口
- 咽喉
- 頸部
- 胸部
- 心音
- 腹部
- 四肢

・外生殖器

・神經肌肉反射

・髖關節運動

・牙齒

此外，台北市政府爲了加強推廣幼兒免費健康檢查，以及提升醫療服務品質，自八十五年九月起，特別針對三歲以下領有醫療補助證的兒童，提供健康／疾病諮詢指導與建議的服務。

這項補助乃屬於兒童健康手册健檢項目的延伸服務，家長可在寶寶出生後一、三、六、九個月間選擇四次，以及在一歲六個月、未滿三歲期間選擇一次，到辦理全民健保兒童預防保健業務之台北市三歲以下兒童醫療補助特約醫療院所（目前共有一百九十家），即可接受有關健康的指導與建議。

父母可藉此更深入地了解幼兒發育成長，如能早期發現異常或發展遲緩現象，即可早期矯治，避免影響終身健康。

台北市三歲以下兒童醫療補助辦理・兒童預防保健特約醫院名單

區域	名稱	地址
文山	晴川診所	興隆路二段 93-1 號
文山	葉洪小兒科診所	興隆路三段 196 號 1 樓
文山	洪承佑小兒科診所	興隆路四段 64-3 號
文山	徐文治診所	木新路三段 249 號 1 樓
北投	北投區衛生所	泉源路 14 號
北投	國軍八一八民衆門診處	中和街 250 號
北投	石牌宏仁診所	實踐街 15 號
北投	石牌李力成診所	西安街一段 28 巷 15 號
北投	吉安診所	西安街一段 281 巷 18 號
北投	永安家庭醫學科診所	公館路 47 號
北投	健幼診所	實踐街 35 號
北投	李進康內兒科診所	石牌路一段 101 號
北投	王婦產科診所	中央北路二段 225 號
北投	鴻佑診所	致遠一路二段 121 號
北投	華太診所	中央北路二段 225 號
北投	圓山診所	石牌路二段 343 巷 61 號
北投	鴻德診所	中和街 257 號
北投	泓光診所	立農街二段 287 號
北投	蔡秉勳小兒科診所	中和街 273 號
北投	張參雄診所	光明路 166 號 1 樓
北投	萬常致診所	中央北路二段 52 號
松山	松山區衛生所	八德路四段 403 巷 15 號
松山	松山林小兒科診所	南京東路五段 250 巷 18 弄 9 號
松山	康明哲小兒科內科診所	三民路 136 巷 15 號
松山	佳佑內兒科診所	八德路四段 91 巷 1 號
松山	松山內兒科診所	八德路四段 255 號
松山	佑仁內科診所	八德路三段 136 號
松山	江建中診所	八德路四段 323 號 1 樓
松山	董診所	延吉街 7 之 2 號 2 樓
松山	江崇萍小兒科診所	南京東路五段 251 巷 24 弄 27 號
信義	信義區衛生所	信義路五段 15 號
信義	聯合報系員工診療所	忠孝東路四段 561 號 11 樓
信義	張國政內兒科診所	松山路 216 號
信義	信義邱婦產科診所	松德路 6 號 12 樓
信義	蔡小兒科診所	松山路 278 號
信義	有成外科診所	永吉路 213 號
信義	張家忠診所	信義路五段 150 巷 392 號
信義	翁內兒科診所	莊敬路 234 號
信義	吉泰小兒科內科診所	林口街 30 號
信義	健仁診所	忠孝東路五段 478 號
信義	黃啓彰診所	松山路 261 之 1 號
信義	富陽劉內兒科診所	富陽街 43 號
信義	林明輝診所	虎林街 30 巷 2 弄 4 號
信義	王寬仁診所	虎林街 121 巷 11 號 1 樓
信義	三本診所	松隆路 327 號 5 樓之 3
信義	健民診所	永吉路 373 號

台北市三歲以下兒童醫療補助辦理・兒童預防保健特約醫院名單

區域	名稱	地址
中山	北安耳鼻喉科診所	北安路 569-1 號
中山	長安內外科診所	八德路二段 259 號
中山	龍江小兒科診所	龍江路 331 巷 3 號
中山	承安聯合診所	民生東路三段 90 號 1 樓
中山	老德診所	松江路 185 號 5 樓
中山	陳中明小兒所	北安路 575 號
中山	恩典診所	忠孝東路五段 766 號 1 樓
中正	中正區衛生所	牯嶺街 24 號
中正	吳物典小兒科診所	寧波西街 46 號
中正	紹毅內兒科診所	八德路一段 52 號
中正	劉瑞聰診所	汀洲路一段 194 號
中正	林政誠兒科診所	汀洲路三段 287 號
中正	王英明診所	中華路二段 159 號
中正	東門眼科診所	信義路一段 255 號
中正	朱小兒科診所	汀洲路二段 220 號 1 樓
中正	慈幼兒童診所	濟南路二段 65 號
中正	同泰診所	汀洲路二段 138 號
內湖	吳祥榮小兒科診所	文德路 3 號 1 樓
內湖	王慶森診所	內湖路一段 669 號 1 樓
內湖	敏聖內兒科診所	內湖路一段 737 巷 27 號
內湖	馬小兒科診所	成功路四段 53 號 1 樓
內湖	宋小兒科診所	內湖二四段 25 號
內湖	范內兒科診所	文德路 21 號
內湖	丁大元診所	康樂街 110 巷 17 號
內湖	徐醫師診所	東湖路 53 號
內湖	王文炳診所	東湖路 7 巷 25 號
內湖	劉孟斌診所	內湖路一段 319 號
內湖	雙湖診所	金龍路 74 號
內湖	劉淦華診所	金龍路 15 號
內湖	靳惠理診所	東湖路 43 巷 9 號
內湖	赫得診所	康樂街 72 巷 6 號
內湖	謝小兒科診所	東湖路 161 號
文山	文山區衛生所	木柵路三段 220 號
文山	陳清和診所	羅斯福路六段 194 號 1 樓
文山	梁家驊診所	木柵路一段 156 號
文山	仁耀診所	興隆路二段 273 號
文山	保順診所	木新路二段 206 號
文山	興隆李內兒科診所	興隆路一段 12 號
文山	賴秀澤小兒科診所	羅斯福路五段 200 號
文山	興隆內科小兒科診所	興隆路二段 17 號
文山	泓仁診所	木新路二段 273 號
文山	溫忠仁診所	羅斯福路五段 218 巷 28 號
文山	澤文診所	興隆路四段 6 之 10 號
文山	景美綜合醫院附設門診部	萬慶街 18 號
文山	林建輝小兒科診所	興隆路二段 70 號 1 樓
文山	欣心小兒科診所	興隆路二段 213 號

台北市三歲以下兒童醫療補助辦理・兒童預防保健特約醫院名單

區域	名稱	地址
信義	張育驍診所	吳興街467巷2弄6號
信義	康泰診所	永吉路206號
信義	安康診所	永吉路498號
南港	南港區衛生所	南港路一段360號1樓／7樓
南港	黃家醫科診所	研究院路一段161號
南港	周建深診所	研究院路一段115號
南港	吳宏誠小兒科診所	興中路12巷15號
萬華	和平醫院附設龍山門診	昆明街284號
萬華	萬華區衛生所	東園街152號
萬華	中國時報附設員工診所	大理街132號
萬華	萬大長春內兒科診所	萬大路481號
萬華	萬華劉小兒科診所	康定路170號
萬華	鄭內兒科診所	雙園街76巷30號
萬華	吳國鼎內兒科診所	中華路二段598號之2
萬華	石賢彥小兒科診所	桂林路49號
萬華	周小兒科診所	西藏路115巷6弄8號
萬華	林繼仁小兒科診所	萬大路216號
萬華	漢宗小兒科診所	中華路二段434號
萬華	一安診所	梧州街62號
士林	台北市立陽明醫院	雨聲街105號
士林	新光吳火獅紀念醫院	文昌路95號
士林	同慶醫院	大東路35號
大同	台北醫院城區分院	鄭州路40號
大同	台北市立中興醫院	鄭州路145號
大同	宏恩綜合醫院	仁愛路四段71巷1號
大安	國軍第817醫院	基隆路三段155巷57號
大安	國泰綜合醫院	仁愛路四段280號
大安	中心診所醫院	忠孝東路四段77號
中山	福全綜合醫院	民權東路二段48號
中山	馬偕紀念醫院	中山北路二段92號
中山	台北市立慢性病防治醫院	金山南路一段5號
中山	台北市立婦幼綜合醫院	福州街12號
中正	台北市立和平醫院	中華路二段33號
中正	台大醫院	中山南路7號
中正	三軍總醫院	汀洲路三段40號
內湖	內湖綜合醫院	內湖路二段360號
文山	景美綜合醫院	羅斯福路六段280號
北投	台北榮民總醫院	石牌路二段201號
北投	振興復健醫學中心	振興街45號
北投	英仁醫院	溫泉路18之1號
松山	博仁綜合醫院	光復北路66號
松山	長庚醫院	敦化北路199號
信義	台北醫學院附設醫院	吳興街252號
信義	新永吉醫院	永吉路329號
南港	台北市立忠孝醫院	同德路87號
萬華	西園醫院	西園路二段270號
萬華	台北護理學院附設醫院	康定路37號
萬華	仁濟醫院	廣州街243號

台北市三歲以下兒童醫療補助辦理・兒童預防保健特約醫院名單

區域	名稱	地址
士林	士林區衛生所	中正路 439 號
士林	李世澤小兒科內科診所	社子街 67 號
士林	黃耀明診所	文林路 456 號
士林	存德小兒科診所	文林路 460 號
士林	鄭醫師診所	延平北路五段 70 號
士林	吳如壽診所	中山北路六段 322 號
士林	惠周內兒科診所	大北路 96 號
士林	何啓溫診所	德行東路 63 號
士林	陳維世診所	德行東路 137 號
士林	林博通醫師診所	通河街 60 號
士林	嘉櫻小兒科診所	中山北路六段 306 號 1 樓
士林	柯佑民小兒科診所	德行東路 189 之 1 號
士林	浩恩家庭醫學科診所	通河街 88 號 1 樓
士林	台美診所	中山北路六段 464 號
大同	大同區衛生所	民權西路 221 號
大同	高家庭醫學科診所	民權西路 272 之 2 號
大同	鈞生診所	甘州街 28 號
大同	啓仁診所	重慶北路三段 256 號 2 樓
大同	施小兒科診所	重慶北路三段 28 號
大同	建成蔡小兒內科診所	南京西路 54 號
大同	黃博裕小兒科診所	赤峰街 49 巷 21 號
大同	名廣診所	重慶北路三段 53 號
大同	萬登榮診所	重慶北路三段 222 號
大安	大安區衛生所	辛亥路三段 15 號
大安	逸安小兒科診所	金華街 203 號
大安	傅診所	復興南路二段 2 號
大安	博堯內科診所	師大路 105 巷 2 號 1 樓
大安	呂小安科診所	通化街 24 巷 6 號
大安	全家聯合診所	和平東路二段 353 號
大安	黃高港診所	文昌街 227 號 1 樓
大安	楊健志診所	和平東路二段 255 號
大安	福濟診所	安居街 9 巷 27 號
大安	林福坤醫師診所	延吉街 135 之 2 號 3 樓
大安	涂白河診所	復興南路二段 151 巷 27 號 1 樓
大安	杏佑診所	安和路一段 27 號 5 樓
大安	寶健兒童診所	新生南路一段 161 之 3 號
大安	聯合診所	復興南路二段 88 號 1 樓
大安	江滄鎮醫師診所	安和路二段 19 號 1 樓
大安	承易診所	泰順街 6 號
大安	葉明憲小兒科診所	羅斯福路三段 191 號 2 樓
中山	中山區衛生所	松江路 367 號 1 樓
中山	中崙聯合診所	八德路二段 303 號
中山	啓新診所	建國北路 342 號 5 樓
中山	林忠一診所	中山北路二段 62 巷 13 號之 1
中山	葉小兒科診所	長春路 227 號
中山	柏泉內兒科診所	北安路 595 號 20 弄 5 號
中山	惠群診所	民生東路三段 88 巷 8 號

△預防接種注意事項

寶寶在媽媽子宮的日子過慣了，一旦出世之後，為免「水土不服」，遭到病菌的侵襲，有許多預防接種必須按時完成。

·B型肝炎免疫球蛋白

注射日期：出生後立即注射一劑，不得超過二十四小時。

禁忌：如果有疑似感冒、生病初癒等令人憂心的情形則要請教醫師。

·卡介苗

注射日期：出生滿二十四小時以後，即可接種。當孩子十二歲時，再做一次結核菌素普查測驗，若呈陰性反應，就要再追加接種卡介苗。

注射後照顧：在接種卡介苗後的二～四週，接種部位的小紅點會化膿，然後逐漸結疤，約過三個月左右才會乾淨。

．三合一疫苗（白喉、百日喉、破傷風混合疫苗（D．P．T））

注射日期：出生滿二月、四月、六月各一劑，隔年追加一劑，四至六歲時再追加，共五次。

注射後照顧：較會發燒，偶有食欲不振、嘔吐、腹瀉之現象，多在一～二天內消失。注射處會有紅腫硬塊，可自然消失。

※詳解「三合一」疫苗應注意的事項：

◎白喉

致病菌：白喉桿菌。

好犯年齡：十五歲以下。

症狀：哭鬧、喉嚨紅腫、發燒、聲音沙啞、狗吠般咳嗽聲。
併發症：心臟衰竭。
死亡率：10％。

◎**百日咳**

致病菌：百日咳桿菌。
好犯年齡：五歲以下。
症狀：初期似感冒，接著有嗚嗚般的緊促咳嗽，咳得青筋暴露，嘴唇發紫，嘔吐。
併發症：肺炎、氣管阻塞、抽筋、昏迷。
死亡率：三千分之一，年紀愈小，死亡率愈高。

◎**破傷風**

致病菌：破傷風桿菌。

好犯年齡：沒有限制。

症狀：牙關緊閉、痙攣、全身肌肉緊繃、四肢僵直、不安。

併發症：呼吸肌麻痺而窒息致死。

死亡率：高達50％，尤其是新生兒及五十歲以上的老年人。

注意：

①滿六歲之後，每十年可加一劑成人白喉、破傷風，但不可以再注射百日咳疫苗。

②若有癲癇的幼兒，可以採取「二合一」的針劑，即不注射百日咳疫苗，但須經醫生指示。

③若發燒、重感冒、腹瀉者，應避免注射；另外若注射時發生抽筋現象，下一劑則應停止百日咳的疫苗（此疫苗較易引起發燒之故）。

④針對DPT、DT、TD疫苗接種曾有嚴重反應者，如痙攣等；或是正使用腎上腺皮質素或抗癌藥物治療者，以及六歲以上的人均不適合注射三合

一疫苗。

⑤三合一疫苗藥效只維持十年，最好每隔十年再注射一次。

·小兒麻痺疫苗

接種日期：與三合一同時口服接種。

口服：沙賓疫苗。

注射：沙克疫苗。

副作用：很低。偶有發燒、噁心、嘔吐、腹瀉。

禁忌：若有下列情況（未經醫師許可下）不可使用口服小兒麻痺疫苗。

①發高燒。

②免疫能力受損者。

③接受腎上腺皮質素抗癌藥物治療者。

④孕婦。

注意：①口服疫苗使用前後半小時暫時不能進食與飲水。

②兒童患腸胃病症時，最好延緩服用。

・麻疹、德國麻疹、腮腺炎混合疫苗（MMR）

注射日期：麻疹疫苗於出生滿九個月注射第一劑，出生滿一年三個月時則注射麻疹、德國麻疹、腮腺炎混合疫苗。

注射後照顧：由於幼兒的體質各有不同，所以發燒的時間和體溫的高低也不相同。通常在接種後一～二個星期間，會有一、兩個晚上發燒的情形，並且出現輕微的發疹。是爲了造成免疫體質所需的症狀。

・日本腦炎疫苗

注射日期：出生滿一年三個月注射第一劑，隔兩週再注射第二劑，第三劑於出生滿二年三個月注射，六歲時再追加一次。

注射後症狀：①接種部位有發紅、腫脹、疼痛感。

②偶有全身反應，如發燒、惡寒、頭痛及倦怠感，經二～三天會消失。

③發生嚴重的反應機會很低，約百萬分之一，導致死亡機率約千萬分之一。

注意：在台灣九歲以下的兒童較易感染日本腦炎，而且年齡有升高的趨勢。感染率十人中有一～三人會死亡；二～三人造成終身運動殘障或精神病患。

．A型肝炎疫苗

接種日期：它可與B型肝炎、日本腦炎同時間（分開兩個部位）注射。分為三劑，第一劑與第二劑間隔一個月；第三劑則再隔四個月注射。

感染途徑：飲食及水。

副作用：很少。

注意：

①目前A型肝炎尚未列入健保之中，所以必須自費注射。

②A型肝炎主要是經由飲食傳染，有別於B、C型肝炎經由血液與性行為感染。

③台灣地區十五歲以下兒童，幾乎沒有A型肝炎的抗體，衛生署已將A型肝炎列為本期肝炎防治的重要課題。

④A型肝炎疫苗的有效期為十年，每隔十年再加注一劑疫苗，另外需到較落後的國家旅遊或出差者，行前最好注射該疫苗，以防萬一。

疫苗種類	時間	
B型肝炎免疫球蛋白	出生後二十四小時內	一劑
卡介苗	出生後二十四小時後	第一劑
B型肝炎疫苗	出生滿三～五天	第一劑
B型肝炎疫苗	出生滿一個月	第二劑
B型肝炎疫苗	出生滿二個月	第三劑
白喉、百日咳、破傷風混合疫苗		第一劑
小兒麻痺口服疫苗		第一劑
白喉、百日咳、破傷風混合疫苗	出生滿四個月	第二劑
小兒麻痺口服疫苗		第二劑
白喉、百日咳、破傷風混合疫苗	出生滿六個月	第三劑
小兒麻痺口服疫苗		第三劑
麻疹疫苗	出生滿九個月	第一劑
B型肝炎疫苗	出生滿十二個月	第四劑
麻疹、德國麻疹、腮腺炎混合疫苗	出生滿一年三個月	第二劑
日本腦炎疫苗（隔二週第二劑）	出生滿一年三個月	第一劑
白喉、百日咳、破傷風混合疫苗	出生滿一年六個月	追加
小兒麻痺口服疫苗		追加
日本腦炎疫苗	出生滿二年三個月	第三劑
白喉、百日咳、破傷風混合疫苗	六歲	追加
小兒麻痺口服疫苗		追加
日本腦炎疫苗		追加
卡介苗	十二歲	普查測驗陰性者追加

兒童保護機構

機構名稱	電　　話
‧中華兒童福利基金會	(02)25112085
‧兒童福利聯盟	(02)27486006
‧兒童保護協會	(02)27751255
‧青少年兒童福利協會	(02)28610511 轉 299
‧中華民國婦女兒童安全保護協會	(02)23215030
‧財團法人陸正紀念基金會	(03)5712345
‧兒童燙傷基金會	(02)25224690

全省家扶中心

機構名稱	電　　話
・基隆家扶中心	(02)24312018 (02)24316676
・台北家扶中心	(02)23516948 (02)23516944
・北縣家扶中心	(02)29619195 (02)29597795
・桃園家扶中心	(03)4566993 (03)4567055
・新竹家扶中心	(03)5710549 (03)5715387
・苗栗家扶中心	(03)7322400 (03)7351414
・中縣家扶中心	(04)5232704 (04)5247517
・台中家扶中心	(04)3261234
・彰化家扶中心	(04)7224420 (04)7246846
・南投家扶中心	(04)9222080 (04)9233131
・雲林家扶中心	(05)6323200
・嘉義家扶中心	(05)2276334 (05)2277833
・南縣家扶中心	(06)6324560 (06)6323562
・台南家扶中心	(06)2619503 (06)2633002
・高雄家扶中心	(07)2823013 (07)2417172
・高縣家扶中心	(07)6213993 (07)6217798
・屏東家扶中心	(08)7335702
・宜蘭家扶中心	(03)9322591 (03)9333955
・花蓮家扶中心	(03)8323735 (03)8359766
・台東家扶中心	(08)9323804
・澎湖家扶中心	(06)9276432

附錄《二》

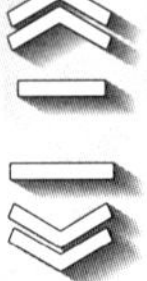

好媽咪妙用錦囊

(1)在餵完奶隨即放寶寶躺下時，請把寶寶的臉側向一邊，以免吐出物流入氣管內。

(2)寶寶排便之後，請以溫水拭淨小屁屁；男寶寶是由後往前擦，女寶寶則由前往後擦。

(3)如果寶寶在夜裡啼哭想吃奶，就得餵他。寶寶想吃奶而父母置之不理，反而招致反效果。

(4)寶寶的服裝，要以觸感良好、吸水性強、方便活動爲選擇的原則。

(5)如果寶寶到了四個月時對聲音仍然沒反應，則必須認定爲有聽覺障礙，最好趕快找醫師檢查看看。

(6)寶寶會翻身之後，別忘了加高嬰兒床的柵欄，注意寶寶的安全。

(7)六個月大的寶寶是逐漸減少得自母體抵抗力的時期，寶寶會比較容易生病，請多加小心照顧。

(8)蛀牙預防方法：

・盡量不讓寶寶吃甜食。

・不要讓孩子喝完奶，口裡還咬著奶瓶不放。

・避免飲用市售果汁及乳酸飲料。

・食畢要清潔牙齒。每餐後可以紗布輕拭寶寶牙齒及牙齦。

・多餵食有鞏固牙齒營養成分的含鈣食品或海藻類。

・定期帶寶寶去做健康檢查。

(9)讓寶寶練習自己一個人吃東西。

(10)母親有必要在此時期，努力地幫助寶寶養成一日生活的固定習慣。白天讓

寶寶多做運動，晚上則早早上床。

(11)請注意寶寶因吃太多或是吃了不好消化的食物，所引起的腹瀉。

(12)教導寶寶認識危險事物也是很重要的。

(13)寶寶討厭的食物，若把它切碎做炒飯，或是做成蛋包飯，都會讓寶寶多吃幾口。

(14)市面上的罐裝魚林林總總，跟生鮮魚比起來，營養價值是低了些，且爲了保存常加了過多的油、鹽；但基於方便的緣故，若你要食用罐裝魚，至少先用開水沖一下再吃。

(15)含維他命A較多的食物是肝臟類、蛋黃、奶油、乳酪、鰻魚，以及黃綠色蔬菜等。

(16)六個月大的寶寶可以試著用杯子喝水或果汁了。剛開始也許會嗆得很厲害，但大部分的寶寶很快就會愛上用杯子喝東西。

(17)一年中紫外線照射最強的月份是七、八月，最弱的是十二月和一月，因此冬季比較容易發生維他命D不足的症狀。為了攝取維他命D，雖然天氣稍微寒冷，媽咪也應嘗試帶著寶寶到戶外玩耍，這是造成孩子骨骼強健的要訣。

(18)希望養育體格健康又高大的下一代，則給正在發育的孩子大量的鈣質吧！

(19)試著養成寶寶喝開水解渴的習慣吧！

(20)點心吃得過多會阻礙寶寶的健全成長，所以給孩子吃點心時必須注意不能吃得過多而影響正餐。最好的點心是水果、牛奶等自然食品。

(21)含有維他命C的紫蘇葉，可使頭腦清爽；而南瓜和胡蘿蔔含有多量促進腸機能的胡蘿蔔素。很多幼兒討厭吃胡蘿蔔，父母可以切成碎末灑於食物中，一方面可增加美觀，另一方面容易伴隨食物入口。

(22)在寶寶生命的頭幾個月裡，與父母相處的大部分時間都花在餵食上，所以他對父母的感覺、態度與進食大有關係。

(23)面對寶寶吸吮拇指的現象不必過於擔心，大部分寶寶在一～二歲以後，自

然而然會忘記吸吮指頭。

(24)如果你的寶寶白天、晚上都不睡，且睡時極不安穩，那麼寶寶可能眞的不舒服，有影響生長發育之虞，最好帶給醫師檢查看看。

(25)多一分細心，多一分安心。經常檢視居家生活中，各種環境設施的安全狀況，爲寶寶提供一個溫馨舒適而又安全的居家環境。

(26)在嬰兒臍帶掉落之前（生下來十～十四天左右），不可讓嬰兒趴睡，以免嬰兒將未脫落的臍帶扯掉，增加感染機率。

(27)在寶寶運動過後，除了白開水，不要讓寶寶飲用任何加糖的飲料及餐點。想辦法轉移寶寶對食物的注意力，給予學習更多其他種類的才藝和遊玩的機會。

(28)小兒科醫師指出：有15％的小孩到五歲仍會尿床，而到十五歲則仍有1％的人可能尿床。只要確定小孩健康狀況良好，一切順其自然發展即可，毋需因爲小孩未能在期望的時間內完成排便訓練而過於憂心。

(29)在做體操的過程中，寶寶能漸次地學會翻身、坐立，以及爬行等基本動作；但是，這種學習應配合寶寶的成長速度，絕對不能有絲毫的勉強。

(30)母親的聲音能使寶寶產生安全感，增強母子間的親情關係，不但能使寶寶情緒安定，同時能增進寶寶的智能發育。

(31)隨著寶寶活動範圍的日漸擴大，對於周遭事物的關心與興趣也會逐漸增加。因此更要在日常生活與遊戲中，培養寶寶的自發性。

(32)讓寶寶利用自己的身體和四肢做遊戲，可以讓他享受到與人接觸的快樂，達到與人溝通的愉快感覺。

(33)親子一塊兒玩玩具、做遊戲，不但能促進親子間的感情與默契，還能培養寶寶的思考能力和學習興趣。父母更可藉由寶寶的表現，觀察寶寶身心的發育程度。

(34)可以為寶寶選購的玩具包括：

・音樂盒

- 可供摟抱的玩具——柔軟的毛料、布料製成
- 童謠或民歌錄音帶
- 手操作製造聲音的玩具
- 有把手的搖鈴
- 彩色畫片
- 積木
- 大的木塞塡洞板玩具
- 洗澡時水上漂浮的玩具
- 球
- 小手鼓
- 小的咖啡壺
- 有蓋的鍋子
- 碎布做的娃娃

(35)務必速速就醫的嘔吐與腹瀉——

・腹瀉連續不止，嘔吐漸增；抑或上吐下瀉交替出現時。

・腹瀉、發疹與鼓腸等現象同時出現。

・排出鮮紅血便（腸套疊）時。

(36)若寶寶嘔吐之後就沒事、情緒良好時，便是攝食太多，或爲嬰兒特有的嘔吐，不必過於擔心。

(37)寶寶一旦發生痙攣症狀，通常家人會手足無措，但請務必冷靜，按下列步驟處理：

A 取走寶寶周遭及手上拿的危險物品。

B 檢查口中是否有東西，如果有，要先挖出來，否則會梗住喉嚨。

C 鬆開衣服，使寶寶安靜躺下。勿擺動身體。

D 以冷毛巾或冰枕墊在頭下。

P.S.嚴重的痙攣，必須先以「壓舌板」塞入口中，以免有牙的嬰幼兒咬傷自

己的舌頭。

(38)有些人認為發燒時要盡量設法退燒，但事實並非如此。發燒是疾病和身體戰鬥的現象，經過一番戰鬥後，身體反而可以增加免疫力。所以除非熱度燒得太高，否則是沒有必要降低熱度的。

P.S.目前市面上有販售「耳溫槍」的體溫計，若經濟力較好的家庭可以採用它，以避免寶寶高燒時又腹瀉，使用肛溫計的不便性，且有斷裂在寶寶體內之虞。

(39)寶寶在發疹後一星期內，最好讓他在家中靜養，利用室內做遊戲或其他活動，並且要盡量避免在洗完澡後帶他外出活動，兩個星期之後，才可以自由活動。

(40)當寶寶患了感冒時，最正確的措施是讓寶寶安靜地休息、睡覺，多喝開水或果汁來補充水分；可能的話就多吃點營養的食物。但假使寶寶沒有食欲，就不必勉強，以免適得其反。

(41)寶寶如果排出硬便傷及肛門或出血時，請立即洽詢醫師。

(42)若有灰塵進入寶寶眼內，閉上眼睛，讓眼淚自然流出來。再以眼睛專用的清潔棉，從內眼角往外側擦拭。

(43)寶寶發生語言障礙時，除了必須接受小兒科診療外，同時還要接受耳鼻喉科、精神科、腦性神經科等綜合檢查，以得到一個正確的診斷，進而依障礙性質與程度，加以適當治療。

(44)對年幼的孩子而言，醫藥箱應放在他們拿不到的地方；但是稍大的孩子，可以教導他們使用急救箱裡面的一些用品。

(45)如果出現了水泡，不要將它弄破，因爲水泡可以保護燙傷的部位，而且可以避免感染或發炎。

(46)應教導孩子在吃魚的時候，要慢慢的嚼嚥；並先把魚刺挑出來再給他吃。若食物在口中咬起來有硬硬的感覺，也要立即吐出來。在遊戲時，不可以把玩具或任何小東西放入口中，以策安全。

(47)如果腿部外傷嚴重，則應將腳墊至比心臟高處，然後一面止血，一面趕快送醫。

(48)當孩子受到扭傷時，最好先在傷處施行冷敷。由於扭傷的部位最忌移動，所以應用木板或有彈性的繃帶來固定扭傷的部位，以避免受到震動。

(49)當孩子腦部受到重擊時，應注意以下幾點：

・保持安靜，不可跳動搖擺。
・注意呼吸及脈搏狀態。
・最好讓傷者保持側臥姿態。
・仔細觀察全身症狀。
・施以適當的急救處理。
・特別注意預防治療後的後遺症。

(50)兒童在居家環境中，很容易發生觸電的意外，此時要立即切斷電源，然後對兒童施行人工呼吸或是心肺復甦術幫助他呼吸，再立即送醫。

(51)家中如果有人需長期服用藥物，則應將藥品妥善放置，千萬不可讓孩子有機會拿到，模仿大人服用。

(52)孩子流鼻血時，絕不可讓病人仰臥，或拍打後頸；也不可以隨便用東西塞住鼻孔。

國家圖書館出版品預行編目資料

當媽媽的第一課／張 惠編著
－－第一版－－ 台北市：知青頻道出版；
紅螞蟻圖書發行，2008.06
面　公分.－－（健康IQ；25）
ISBN 978-986-6643-14-9 (平裝)

1.育兒
428　97006050

健康IQ 25

當媽媽的第一課

編　著／張 惠
美術構成／林美琪
校　對／周英嬌、楊安妮
發 行 人／賴秀珍
榮譽總監／張錦基
總 編 輯／何南輝
出　版／知青頻道出版有限公司
發　行／紅螞蟻圖書有限公司
地　址／台北市內湖區舊宗路二段121巷28號4F
網　站／www.e-redant.com
郵撥帳號／1604621-1　紅螞蟻圖書有限公司
電　話／(02)2795-3656（代表號）
傳　真／(02)2795-4100
登 記 證／局版北市業字第796號
數位閱聽／www.onlinebook.com
港澳總經銷／和平圖書有限公司
地　址／香港柴灣嘉業街12號百樂門大廈17F
電　話／(852)2804-6687
新馬總經銷／諾文文化事業私人有限公司
新 加 坡／TEL:(65)6462-6141　FAX:(65)6469-4043
馬來西亞／TEL:(603)9179-6333　FAX:(603)9179-6060
法律顧問／許晏賓律師
印 刷 廠／鴻運彩色印刷有限公司
出版日期／2008年 6 月　第一版第一刷

定價 220 元　港幣 73 元

ISBN 978-986-6643-14-9　Printed in Taiwan